Dr ANTONIN BOSSU

LOIS ET MYSTÈRES

DES

FONCTIONS

DE REPRODUCTION

Avec deux planches coloriées et gravures dans le texte.

PARIS

ERNEST FLAMMARION, ÉDITEUR

26, RUE RACINE, PRÈS L'ODÉON

LOIS ET MYSTÈRES

DES

FONCTIONS DE REPRODUCTION

DR ANTONIN BOSSU

Chevalier de la Légion d'honneur.

LOIS ET MYSTÈRES

DES

FONCTIONS DE REPRODUCTION

CONSIDÉRÉES

DANS TOUS LES ÊTRES ANIMÉS

SPÉCIALEMENT

CHEZ L'HOMME ET CHEZ LA FEMME

*Avec deux planches coloriées et gravures
dans le texte.*

DEUXIÈME ÉDITION, ENTIÈREMENT REMANIÉE

PARIS

ERNEST FLAMMARION, ÉDITEUR

26, RUE RACINE, 26

AVERTISSEMENT

L'étude des Fonctions de Reproduction des Êtres animés fait l'objet de ce livre, réimprimé après épuisement, et remaniement complet.

Cette revue commence par les organismes les plus simples, pour arriver, échelon par échelon, jusqu'à l'Homme.

Ici le sujet devient complexe.

Car, considérés chez l'Homme et chez la Femme, les actes génitaux passent trop souvent, hélas! par trois phases : état physiologique ou normal; état de surmenage; état extra-physiologique ou morbide.

Bien des écrits ont paru sur les questions que ces sujets comportent. Généralement leurs auteurs en attendent le succès de l'excitation d'une curiosité trop indiscrète, au lieu d'un enseignement de bon aloi.

Voici une pensée juste, quoique trop généralisée peut-être : « Je crois, dit Al. Dumas fils, qu'on se trompe sur la manière d'élever les filles. Il faut leur dire la vérité sur toutes choses, comme à des hommes. L'ignorance où on les laisse provient souvent de ce que les parents eux-mêmes ne savent pas les causes ou les fins des choses, ou qu'ils n'ont point le temps, ou qu'ils ont perdu, dans leurs propres passions, le droit de parler de tout à leurs enfants. »

Je parlerai donc, et dirai tout ce qui a rapport à « l'éternelle chimère », l'Amour, à ses joies, ses plaisirs, ses désordres, ses souffrances, etc.; mais je tâcherai d'éviter ce qui peut blesser les convenances, troubler l'imagination.

Je me mets sous l'égide de la Science.

Les matières de ce volume sont divisées en six parties : Les deux premières concernent les Végétaux et les Animaux, au point de vue de la Reproduction par génération. Les quatre autres sont consacrées aux fonctions génitales de l'Homme et de la Femme.

Or, les chapitres principaux ont pour titres : Organes génitaux, Fécondité, Fécondation, Impuissance, Stérilité, Hystérie, Nymphomanie, Onanisme, Mutilations, Superstitions, Mariage, Célibat, Grossesse, Accouchement, Allaitement, etc., etc.

La circulation du Fœtus enfermé dans le sein maternel et la respiration de l'Enfant après sa naissance y sont expliquées anatomiquement, à l'aide de planches coloriées.

Dans ce travail sont posées en quelque sorte les assises d'une histoire naturelle des Animaux. Ils y sont divisés, d'après Cuvier, en quatre embranchements : Zoophytes, Mollusques. Articulés et Vertébrés, avec leurs caractères spécifiques.

N'empêche que le sujet principal, c'est-à-dire le Tableau de la vie sexuelle tant de l'Homme que celle de la Femme, occupe les trois quarts de la pagination.

A. B.

LOIS ET MYSTÈRES

DES

FONCTIONS DE REPRODUCTION

CONSIDÉRÉES

DANS TOUS LES ÊTRES DOUÉS DE VIE

PREMIÈRE PARTIE

REPRODUCTION CHEZ LES VÉGÉTAUX

Caractères distinctifs des Végétaux et des Animaux. — Fécondité des Végétaux. — Cryptogames. — Phanérogames. — Organes de reproduction. — Floraison. — Saison des amours. — Fécondation. — Fructification. — Analogies.

Dans tout être animé il existe deux fonctions fondamentales : la Nutrition et la Reproduction.

Elles résument plusieurs actes organiques secondaires, dont les uns ont pour but la conservation de l'Individu et les autres la perpétuité de l'Espèce.

Ce double caractère appartient aussi bien aux Végétaux qu'aux Animaux.

Mais les animaux possèdent un troisième ordre de fonctions : ce sont celles qui les mettent en relations avec les objets extérieurs.

1

De là, chez ces êtres, trois modes de vie :

La vie de NUTRITION ;

La vie de RELATION ;.

La vie de REPRODUCTION.

Cette dernière fait l'objet spécial de ce livre.

Mais d'abord qu'est-ce que la vie ?

Dans tous les temps, les philosophes et les savants se sont efforcés d'en sonder le mystère impénétrable.

Les uns, s'inclinant devant l'autorité biblique, considèrent la vie comme un principe distinct de la matière et émanant du souffle divin, pour l'animer.

D'autres, invoquant les enseignements de la Science et le libre examen, prétendent au contraire que la vie n'est qu'un attribut, une propriété de la matière organisée, qu'elle s'est manifestée en même temps que celle-ci, d'abord faible, isolée dans une cellule primordiale, pour se perfectionner ensuite peu à peu, au fur et à mesure que l'organisme, qui en est le *substratum*, évolue et se perfectionne lui-même.

C'est la thèse que soutiennent les matérialistes.

Après avoir expliqué à sa manière son système de sélection naturelle et de « corrélation de naissance », Darwin dit ceci : « Je pense que tout le règne animal est descendu de quatre ou cinq types primitifs tout au plus, et le règne végétal d'un nombre égal ou moindre. L'analogie me conduirait même un peu plus loin, c'est-à-dire à la croyance que tous les animaux et toutes les plantes descendent d'un seul prototype. »

Darwin convient toutefois que « l'analogie peut être un guide trompeur. »

Nous n'avons pas à nous occuper des causes premières : ce sont là des questions sans solution scientifique possible. Cependant puisque nous apparaissons sur cette terre avec des dispositions différentes, les unes pour les inventions matérielles, les autres pour les spéculations métaphysiques, avec la certitude de n'y demeurer qu'un jour ; si nous faisons le compte de nos joies et de nos peines, ne vous semble-t-il pas que la Science avec toutes ses merveilles, a créé plus de besoins qu'elle n'en a satisfait, et que l'Humanité doit plus de reconnaissance à celui qui lui apporte une espérance, une illusion, qu'au savant à qui l'on doit la découverte d'une planète, de la mélinite, des engins de guerre fratricide, des toxiques qui conduisent à la sophistication des denrées alimentaires, etc. ?

Quoiqu'il en soit, ce qui trace une ligne de démarcation absolue entre les corps dont l'Univers est composé. C'est l'inertie des uns et la vie chez les autres.

En effet, les *corps inorganiques* sont caractérisés par l'homogénéité de leur substance, l'uniformité et l'invariabilité de leur composition ; chacune de leurs molécules représente un tout complet, sans organes particuliers de nutrition et de reproduction.

Les *corps organisés*, au contraire, ont pour caractère spécifique de présenter des formes déterminées, des parties distinctes et dissemblables, dues à des combinaisons de corps élémentaires (oxygène, hydrogène, azote, sels, etc.) sans cesse variables. Ils se nourrissent et se reproduisent ; ils vivent enfin.

Dans ce travail, il ne doit être question que des Corps organisés : encore ne les considérerons-nous que sous le rapport de leurs fonctions de Reproduction et du rôle que remplissent les organes de la Génération dans les diverses classes du règne végétal et du règne animal.

Les fonctions qui président à la reproduction des espèces ne sont pas d'une importance aussi grande que celles au moyen desquelles la nutrition s'opère, car tous les êtres animés se nourrissent et vivent, même alors qu'ils sont privés de la faculté d'engendrer, ainsi que des organes dévolus à cette faculté. Cependant la nature s'est complue à entourer les fonctions génitales d'un luxe inouï de précautions, et surtout à attacher à leur exécution un attrait irrésistible. Car si elles ne sont ni nécessaires à la vie individuelle, ni constamment en action, elles s'imposent, aux heures de leur réveil, comme une puissance entraînante.

Remarquons encore que la sollicitude de la Nature, à l'égard de l'instinct de Reproduction, est telle qu'elle a doté ses enfants, en vue d'assurer leur fécondité, de moyens de protection d'autant plus multipliés et efficaces que ceux qui en sont l'objet sont plus faibles et plus dépourvus de résistance aux causes de destruction qui les environnent.

Les Végétaux n'offrent pas moins d'intérêt que les Animaux, au point de vue du rôle des sexes. Leur fécondité est surtout extraordinaire : une tige de maïs, par exemple, porte 2.000 grains, un pied de tabac, 4.000 ; le platane, 100.000, l'orme plus de 500.000 ; et dire pourtant qu'il ne faut qu'une seule graine pour reproduire le même individu ! Cette prodigieuse abondance existe en prévision des nombreuses causes de destruction des germes, dues aux intempéries des saisons, aux larcins des oiseaux, aux tempêtes, etc., qui viennent détruire les semences.

Le règne animal offre un spectacle non moins étonnant. Une seule morue porte jusqu'à 9.000.000 d'œufs. La ponte d'un papillon est de 500 œufs ; celle de l'abeille, 12.000 en un mois ; une seule mouche donne jusqu'à 700.000 individus ; le puceron femelle, par un seul accouplement se trouve fécondé pour 7 ou 8 générations successives.

Si une seule espèce végétale ou animale obéissait librement à la loi de multiplication, suivant une progression géométrique dont la raison serait exprimée par le nombre de graines ou de petits qu'une mère peut produire dans le cours de sa vie, elle aurait rapidement envahi la terre. Linné avait déjà calculé que si une plante produisait deux graines dans l'année, puis chacune des deux graines des deux nouvelles plantes deux nouvelles graines l'année suivante, et ainsi de suite, le nombre des plantes produites s'élèverait à un million en vingt ans. Darwin cite l'éléphant, qui n'a qu'un petit à la fois ; il suppose en outre que chaque femelle ne produit que trois couples de jeunes en quatre-vingt-dix ans. Au bout de cinq siècles, quinze millions d'individus n'en seraient pas moins descendus de la paire primitive.

On peut rendre cette argumentation plus frappante en prenant, comme exemple, un animal de très petite taille, le *Puceron*, déjà nommé. « Dans des données recueillies par Bonnet et d'autres naturalistes, dit M. de Quatrefages, il résulte que si pendant un été les fils et petits-fils d'un seul Puceron arrivaient tous à bien et se trouvaient placés à côté les uns des autres, à la fin de la saison, ils couvriraient environ quatre hectares de terrain. Évidemment, si le globe entier n'est pas envahi par les Pucerons, c'est que le chiffre des morts dépasse infiniment celui des vivants. Enfin il est clair que si la multiplication des Morues, des Esturgeons, dont les œufs se comptent par centaines de mille, n'était arrêtée d'une manière quelconque, tous les océans seraient comblés en moins d'une vie d'homme. »

L'équilibre général, on le voit, ne s'entretient qu'au prix d'innombrables hécatombes.

CHAPITRE I

Reproduction des Cryptogames.

On donne le nom de *Cryptogames* (de *cruptos*, caché, et *gamos*, mariage) aux végétaux dont les organes reproducteurs sont peu apparents ou cachés, invisibles même à l'œil non armé d'un microscope puissant. Ce sont des êtres à structure simple, n'ayant ni axe, ni organes appendiculaires, et qui se développent par leur circonférence. Leurs organes de Reproduction se présentent sous la forme de poussières, d'utricules ou autres parties mal figurées. L'organe mâle porte le nom de *spores*, l'organe femelle celui de *sporanges*. Les *Algues*, *Champignons*,

Mousses, *Lycopodes*, etc., sont des plantes cryptogames. Quant à leurs fonctions génitales, nous ne pouvons rien en dire.

CHAPITRE II

Reproduction des Phanérogames.

Les *Phanérogames* (de *phaneros*, apparent, et *gamos*, mariage) sont des végétaux dont les organes sexuels sont plus ou moins apparents, distincts. Cette classe comprend depuis les plus petites plantes, les plus simples (comme les *lenticelles*, les *joncs*, etc.), jusqu'aux arbres gigantesques. Leurs organes reproducteurs mâles sont les *étamines*, elles portent la poudre fécondante appelée *pollen;* l'organe femelle est représenté par le *pistil* ou *ovaire*, qui contient les *ovules*. Ces parties délicates, nécessaires à la fonction dont il est question, sont accompagnées, en général, des enveloppes florales (*calice, corolle*) dont elles occupent le centre.

Les plantes phanérogames, ont, en général, des fleurs plus ou moins bien formées, suivant les genres ou familles, etc. Il y en a d'incomplètes, en ce sens qu'elles n'ont que des étamines ou que le pistil (ovaire). Lorsque les fleurs incomplètes ou dites unisexuées sont sur des pédicules distincts pour chaque sexe, mais appartenant à un même individu, on les appelle *monoïques* (*Châtaignier*, par exemple) ; quand au contraire elles sont portées sur deux pieds distincts et de même espèce, on les dit *dioïques* (*Chanvre*, *Mercuriale*, etc.).

CHAPITRE III

Fécondation des végétaux.

Lorsqu'arrive la saison des amours, les fleurs se parent de leurs plus belles corolles ; les *anthères* des étamines s'ouvrent et laissent échapper le pollen, poudre douée de la vertu de féconder et qui s'insinue dans le *stigmate* du pistil, lequel s'ouvre aussi de son côté. Le mécanisme de la fonction est donc très simple, surtout pour les fleurs complètes, qui sont dites *hermaphrodites*.

Mais quand il s'agit des fleurs dioïques, l'opération présente plus d'intérêt, car elle doit avoir lieu entre deux sujets plus ou moins éloignés l'un de l'autre. Il faut donc alors que le pollen soit transporté soit par l'air, le vent, les insectes ou par l'office d'une affinité inconnue. Le phénomène s'explique facilement quand il s'agit de deux plantes (ou fleurs), dont l'une est mâle et l'autre femelle, toutes les deux de la même espèce. Mais quellè est la force mystérieuse qui fait que la fleur femelle du Palmier peut être fécondée, alors que le sexe mâle est à une distance de plusieurs kilomètres ?

Autre exemple d'affinité : la Vallisnérie est une plante aquatique à fleurs unisexuées (monoïques) ; sa fleur mâle est retenue sous l'eau par son pédoncule roulé en spirale, tandis que la fleur femelle est à la surface du liquide. Eh bien, au moment voulu pour la fécondation, le pédoncule en spirale de la fleur staminée se déroule pour aller à la rencontre de la fleur pistillée, qui, elle, n'a pas pareil moyen de changer de place. Une fois le but atteint, la fleur mâle replonge dans son élément.

Notons encore une disposition favorable à la fécondation : c'est celle des fleurs monoïques, où les fleurs mâles sont placées au-dessus de l'épi commun et les fleurs femelles au-dessous (encore le châtaignier, etc.).

Au retour de la belle saison toutes les individualités végétales semblent jouir d'une véritable sensibilité et n'être pas étrangères aux impulsions amoureuses. C'est ce que les anciens avaient fort bien remarqué. Ovide prétend même que les palmiers s'unissent entre eux ; que les peupliers soupirent au contact des peupliers, etc., etc.

Quoiqu'il en soit, dès que la fécondation est opérée, l'éclat de la fleur disparaît, la corolle, cette sorte de voile de mariée tombe, et voilà que l'ovaire va se développer, grossir, et le fruit se développer peu à peu, donnant l'image de ce qui se passe chez les animaux vertébrés (1).

CHAPITRE IV

Fructification. — Analogies.

C'est la période biologique qui succède à la fécondation dans les Végétaux ; c'est l'accroissement progressif de ou des ovaires fécondés de la fleur. Le fruit ovarien du végétal se compose, en procédant de l'intérieur à l'extérieur : 1° de la graine, qui contient le germe ; 2° du péricarpe ou enveloppe propre de la graine ; 3° d'une partie charnue, lisse ou dure, ou hérissée, coriace, etc., contenant le tout et correspondant à l'ovaire développé (poire, noix, châtaigne, etc.).

Le fœtus du mammifère, étant considéré par le botaniste comme un fruit, offre une certaine analogie avec le fruit végétal. L'*embryon* de

____

(1) Voir notre *Botanique et Plantes*, etc., 5ᵉ édition.

l'animal représente la graine ou l'amande ; l'amnios donne l'idée du péricarpe de cette graine ; l'utérus gravide, hypertrophié, ne semble-t-il pas être comme un fruit entier (poire, pomme, etc.), avec cette différence que cette écorce utérine reste à la mère, comme ne faisant pas partie intégrante du fruit.

CHAPITRE V

Emasculation des fleurs.

Le fruit vrai, c'est-à-dire reproducteur du poirier, du pommier, de la vigne, etc., est à proprement parler le *pépin ;* celui du pêcher, du cerisier, c'est le *noyau*, etc., etc. ; ce sont ces pépins, ces noyaux qui contiennent l'*amande*, c'est-à-dire le germe qui doit reproduire l'embryon, auquel va succéder le Végétal, après que cet embryon a été mis dans un milieu approprié, la terre.

L'*amande* est composée du périsperme déjà nommé, de l'*endosperme* ou *albumen*, et de l'*embryon*.

Dans l'embryon du végétal, on distingue la *radicule*, qui donne naissance à la racine ; la *gemmule* ou *plumule*, qui doit produire toutes les parties de la plante, tournées vers la lumière ; et le corps *cotylédonaire*.

La plupart des graines présentent une cicatrice appelée *hile*, qui est le point où l'ovule était attaché au placenta, tels : *petits pois*, *haricots*, etc.

Les fruits, d'après leur origine, sont *simples* ou *indivis*, selon qu'ils proviennent d'un pistil unique (*cerise*, *pêche*, etc.), ou de plusieurs pistils réunis et souvent soudés ensemble, mais provenant de fleurs distinctes (*mûre*, *ananas*, *pomme de pin*). On les distingue encore, d'après la nature du péricarpe, en *secs* et *charnus* ; d'après leur mode de dissémination, en *déhiscents* et *indéhiscents*, etc.

Depuis l'origine des choses, les Espèces, tant animales que végétales, ont été modifiées par l'homme, rendues plus belles ou plus utiles par la bouture, la greffe, la culture, la taille, etc. Ainsi, pour ne considérer que la famille végétale des Rosacées, nos fruits succulents, poires, pommes, cerises, etc., proviennent de sauvageons originaires ; la rose superbe avec ses centaines de variétés, descend de l'Églantier, dont le fruit est appelé, comme l'on sait. gratte-cul.

Eh bien, la rose aux mille pétales diversement colorés, sauf la couleur bleue que la culture n'a pu jusqu'à ce jour lui communiquer, n'est qu'un être incomplet, mutilé, en ce sens que, par l'effet de croisements, de greffes, d'une nourriture spéciale, les étamines ont été non supprimées mais transformées en pétales et que, partant, la fleur, ainsi émasculée, eunuquisée, est rendue inféconde, stérile.

DEUXIÈME PARTIE

FONCTIONS DE REPRODUCTION
CHEZ LES ANIMAUX

Classification. — Caractères généraux. — Caractères génitaux. — Zoophytes. — Mollusques. — Articulés. —
Vertébrés. — Amphibies. — Œuf. — Incubation. — Générations : gemmipare, — Ovipare. — Vivipare. — Métamorphoses. — Fécondation artificielle. — Génération
spontanée, etc.

Les animaux diffèrent des Végétaux en ce que,
outre les fonctions de nutrition et de reproduction qui sont communes aux deux règnes, ils
jouissent de la vie de Relation, c'est-à-dire qu'ils
entretiennent des rapports avec le monde extérieur, en vertu de la sensibilité générale, de
l'instinct et d'une intelligence relative qui leur
sont départis. Malgré la variété de formes et la
diversité des organismes, il est possible d'arri-

ver, graduellement, du plus simple au plus complexe ; et si l'on tient à savoir où se trouve le point de départ, pour remonter ensuite les échelons du côté des végétaux comme aussi du côté des animaux, nous dirons que les deux séries se joignent par une cellule intermédiaire, de telle sorte que l'ensemble des corps organisés peut être considéré comme formé de deux pyramides qui se touchent par leur pointe.

Les animaux se partagent en quatre classes principales, dites Embranchements :

1° Zoophytes ;

2° Mollusques ;

3° Articulés ;

4° Vertébrés.

Bien que notre tâche soit limitée à la description des fonctions de reproduction, nous n'avons pas cru pouvoir passer sous silence celles de nutrition et de relation, qui sont les plus importantes au point de vue de la vie de l'individu. Cela étant, nous avons à établir deux sections, l'une sous la rubrique *caractères généraux*, l'autre sous celle de *caractères générateurs*.

Section I. — CARACTÈRES GÉNÉRAUX
DE NUTRITION ET RELATION

§ 1. Zoophytes (de *zoon*, animal et *phuton*, plante). — Ainsi nommés, parce qu'on les croyait

intermédiaires entre les animaux et les plantes.
Êtres sans squelette et sans organes de protection. Ce qui leur en tient lieu, ce sont certaines
parties disposées d'une façon radiaire (Cuvier).
Ils manquent de système nerveux, car ils n'ont
plutôt que des rudiments de nerfs. Quatre
grandes familles appartiennent à l'embranchement des zoophytes : les Infusoires, les Polypes,
les Échinodermes et les Acaléphes.

A) *Infusoires.* — Ce sont des animaux infiniment petits qui se développent dans les infusions végétales ou animales, les eaux croupis-
santes, etc. Quelques-uns ont une organisation
tellement simple qu'ils semblent n'être en quelque sorte qu'un point, une molécule allongée
douée de mouvement. Un grand nombre paraissent n'avoir d'organes ni pour la digestion, ni pour la circulation, ni même pour la
génération : de là, un mode inconnu de reproduction, qui a soulevé la question de la *Génération spontanée.*

Les Infusoires ont pour principaux ordres :
les *Vibrions, Amibes, Protées, Monades, Vorti-
celles* et *Rotifères;* sans compter les *Microbes.*

Faisons remarquer cependant que les Rotifères ont un canal digestif avec deux ouvertures ;
qu'ils peuvent se contracter en boule, offrant à
la partie antérieure de leur corps un double
lobe cilié, qui donne l'apparence de deux roues

2.

en mouvement, qui font image et dont est tiré leur nom.

B) *Polypes* (de *polus*, beaucoup, et *pous*, pied). — Corps mou, cylindrique ou conique, ayant à l'une de ses extrémités une ouverture centrale qui est la bouche, entourée de tentacules plus ou moins nombreux ; l'autre extrémité est disposée de façon à adhérer aux corps étrangers sur lesquels le Zoophyte est destiné à vivre. Sa peau se durcit, en général, de manière à lui faire une enveloppe cornée ou calcaire. Chez les uns l'orifice buccal tient lieu d'anus (*Coraux*, *Tubipores*, etc.) ; chez d'autres, l'ouverture anale est placée tout près de la bouche (*Actinies*, *Orties de mer*, etc.).

C) *Acalèphes* (vulgairement *Orties de mer*). — Animaux marins gélatineux, de forme circulaire, rayonnée, flottant sur les eaux. Organisation très simple : l'estomac communique au dehors par une seule ouverture ; de cet organe digestif partent des manières de vaisseaux qui se ramifient dans les différentes parties du corps. — Quelques-uns de ces Zoophytes présentent des linéaments nerveux, rudimentaires, autour de l'ouverture buccale.

D) *Échinodermes* (de *echinos*, hérisson, et *derma*, peau). — Êtres marins, à forme globubuleuse ou étoilée en général ; la peau est épaisse, encroûtée de pièces calcaires, offrant une multitude de petits organes singuliers, sortes de tentacules ou cirrhes rangés dans une disposition radiaire, au moyen desquels l'animal rampe au fond de l'eau.

Chez la plupart des Échinodermes, la cavité digestive a la forme d'un tube ouvert à ses deux extrémités (*Oursins*) ; chez d'autres, cette cavité consiste en un sac garni tout autour d'appendices rameux, et qui communique au dehors par une seule ouverture servant à la fois de bouche et d'anus (*Astéries*), etc.

§ 2. MOLLUSQUES (de *mollis*, mou). — Animaux mucilagineux, asymétriques, dépourvus de squelette intérieur et extérieur, mais enveloppés d'une peau musculeuse, appelée *manteau*, à la surface de laquelle se développe une *coquille* à une seule ou plusieurs valves : d'où leur nom vulgaire de *Coquillages*.

L'appareil digestif est très développé ; bouche ou suçoir s'ouvrant dans l'estomac, ou en étant séparée par un court œsophage ; les intestins sont contournés sur eux-mêmes et s'ouvrent au dehors par un pertuis anal, placé quelquefois très près de la bouche.

Déjà nous arrivons à un degré de la série animale où l'organisation se perfectionne. En effet, l'appareil circulatoire est assez compliqué : le cœur se compose d'un ventricule et d'une ou deux oreillettes ; mais le sang n'est pas rouge, il est incolore. La respiration se fait au moyen de poumons ou de branchies, selon que l'animal vit dans l'air ou dans l'eau.

Quant aux fonctions de relation, elles se dessinent mieux. Les membres manquent encore, mais chez certains Mollusques, comme les *Hélices*, il existe à la partie inférieure du corps une espèce de disque charnu (*plateau*), sur lequel l'animal appuie lorsqu'il rampe à la surface du sol ; chez d'autres (*Calmars*), la tête est environnée de longs appendices charnus, nommés *tentacules*, qui leur servent tout à la fois d'organes de locomotion, de tact et de préhension.

Le système nerveux, déjà plus distinct, se compose de plusieurs ganglions, disposés sans symétrie, mais réunis entre eux par des filets de communication.

On partage les Mollusques en cinq classes : les Acéphales, les Brachiopodes, les Gastéropodes, les Ptéropodes, et les Céphalopodes.

A) Les *Acéphales* (de *a* priv., et *képhalé*, tête). — Animaux sans tête distincte, nus ou à coquille bivalve (tels *Huîtres*, *Moules*, etc.).

B) Les *Brachiopodes* (de *brachiôn*, bras et *pous*, pied). — Animaux sans tête encore, mais pourvus de tentacules mobiles et charnus (*Lingules*, *Orbicules*, etc.).

C) Les *Gastéropodes* (de *gaster*, ventre et

pous, pied). — Tête distincte ; l'animal est pourvu d'une sorte de disque charnu sur lequel son corps appuie dans l'acte de la reptation (*Bulimes, Hélices, Limaces*, etc.).

D) Les *Ptéropodes* (de *pteron*, nageoire et *pous*, pied). — Tête distincte ; pas de tentacules, mais sur les parties latérales du corps existent de simples appendices membraneux en forme de lames ou nageoires (*Clios, Hyales*, etc).

E) Les *Céphalopodes* (de *kephalé*, tête et *pous*, pied). — Ils présentent, avec une tête distincte de longs appendices charnus en forme de bras ou de tentacules leur servant à s'accrocher aux corps voisins et de défense (*Argonautes, Calmars, Seiches*, etc.).

§ 3. ARTICULÉS. — Animaux offrant les caractères suivants : Corps composé d'une série d'articulations ou mieux d'anneaux plus ou moins mobiles ou rétractiles.

« Les anneaux qui entourent le corps, souvent même les jambes, tiennent lieu du squelette propre aux Vertébrés ; et comme ils sont presque toujours assez résistants et durs, ces anneaux peuvent prêter aux mouvements tous les points d'appui nécessaires. En sorte que l'on trouve chez les Articulés, comme chez les Vertébrés la marche, la course, le saut, la natation, le vol. Il n'y a que les familles dépourvues de pieds (*Sangsues*), ou celles dont les pieds n'ont que des articles membraneux et mous (*Chenilles*), qui soient bornées à la reptation.

Supérieurs aux Molusques par leurs fonctions de relation, les Articulés sont moins bien partagés du côté des fonctions respiratoires. En effet, ils respirent au moyen de branchies ou de trachées, plus rarement au moyen de sacs pulmonaires; mais quelquefois, manquant d'organes spéciaux, ils respirent par toute la surface du corps. Le système d'organes par lequel ils se ressemblent le plus, est celui des nerfs, composé de deux cordons longitudinaux offrant de distance en distance des renflements d'où naissent des filets, qui se distribuent aux différentes parties.

Le canal alimentaire est toujours pourvu d'une ouverture d'entrée et d'une sortie; ses parois sont aussi distinctes de l'enveloppe générale du corps.

L'embranchement des Articulés compte cinq ordres : Annélides, Crustacés, Arachnides, Myriapodes et Insectes.

A) Les *Annélides* (de *annulus*, petit anneau). — Ce sont des animaux dont le corps est très allongé, mou, divisé par des replis circulaires en des espèces d'anneaux ou segments dont le nombre est très variable : les uns ont une tête distincte, d'autres en manquent. Pas de pieds.

Mais d'ordinaire une longue série de faisceaux de *soies* placés de chaque côté du corps et portés sur des tubercules charnus, remplacent ces organes pour la progression, les mouvements et même la défense.

Les Annélides dépourvus de soies (*Sangsues*, etc.) ont aux extrémités du corps des ventouses qui leur servent pour la locomotion.

Quant aux organes de nutrition, la bouche est armée d'une trompe protractile et de mâchoires ayant la forme de crochets cornés ou de suçoirs ; l'intestin est droit ou à peu près, simple ou avec renflements ; l'anus occupe l'extrémité postérieure du corps.

Le système circulatoire, assez compliqué, varie d'un annélide à l'autre ; pourtant la circulation est généralement double, c'est-à-dire artérielle et veineuse, bien qu'il n'y ait pas d'apparence de cœur : quelques vaisseaux contractiles en tiennent lieu. Le sang est rouge ou verdâtre ; non incolore ou blanc comme dans les précédents ordres.

Pour le système nerveux c'est une série, simple ou double, de très petits ganglions communiquant entre eux, et qui se continuent dans toute l'étendue du corps.

Les Annélides se divisent en trois groupes qui, d'après la disposition des organes respiratoires, reçoivent les noms de Tubicoles, Dorsibranches et Abranches. Voici leurs caractères respectifs :

a) Tubicoles. — Corps renfermé dans un tuyau ou une coquille tubuleuse, calcaire, non adhérente au corps de l'animal, qui peut en sortir à volonté. Respiration par des branchies en forme de panaches, d'arbustes et situés sur la tête ou à la partie antérieure du corps : (*Amphitrites, Sabelles, Serpules,* etc.).

b) Dorsibranches. — Branchies placées sur les parties latérales du corps et ayant la forme d'arbustes ramifiés ou de lames ; suivant qu'ils sont nus ou renfermés dans des tuyaux : ces animaux sont amphinômes ou s'agitant en rond (*Arénicoles, Eunices,* etc.).

c) Abranches. — Pas de branchies, ainsi que l'indique le nom. La respiration se fait par la surface cutanée ou par de petites cavités intérieures que l'on pourrait comparer à des sacs pulmonaires. Ces animaux se subdivisent en deux groupes secondaires : 1° les *Sétigères,* ils présentent à la surface inférieure de plusieurs des anneaux du corps deux mamelons hérissés de soies raides et courtes (*Vers de terre*) ; 2° les *Asétigères* ou suceurs, dont les anneaux sont dépourvus de mamelons et de soies (*Sangsues*).

B) *Crustacés* (de *crusta,* croûte). — Le caractère essentiel de ces animaux consiste en ce que les différentes parties du corps sont recouvertes, d'une enveloppe calcaire crustacée, plus ou moins dure. Tête souvent peu distincte, thorax et abdomen ou queue ; au thorax sont attachées cinq ou sept paires de pattes ; à la queue existent des appendices ou fausses pattes, qui ont surtout pour usage de retenir les œufs, comme cela se voit chez les *Écrevisses*.

Les Crustacés sont classés parmi les Articulés, parce que chaque portion de leur corps est composée d'anneaux plus ou moins distincts dont le nombre, variable du reste, est en général de vingt et un. Chaque anneau se compose de deux demi-arcs, l'un dorsal, l'autre ventral. Les arcs dorsaux se soudent quelquefois pour former une seule pièce, qui est la *carapace*.

La nutrition et la relation possèdent des instruments assez parfaits déjà. La bouche varie selon que l'animal est masticateur ou suceur ; elle est aidée dans ses fonctions par deux petits pieds masticateurs placés près d'elle. L'œsophage est court, l'estomac spacieux, l'intestin grêle terminé par un rectum. Le foie est volumineux : chez le *Homard*, etc., il reçoit le nom vulgaire de *farce*.

Le cœur est composé d'une seule cavité ; il y a six artères, mais des lacunes remplacent les veines. — La respiration se fait différemment suivant que ces animaux vivent dans l'eau ou sur la terre. Chez les premiers, qui sont de beaucoup les plus nombreux, elle a lieu par des branchies ; chez les seconds, c'est par des lames foliacées situées dans l'abdomen, ou par des branchies particulières destinées à maintenir ces lames dans un état d'humidité nécessaire à l'exercice de leurs fonctions.

Les yeux sont souvent portés sur des pédoncules mobiles. — Le tact s'exerce au moyen d'antennes et des pattes.

C) *Arachnides* (de *aracné*, araignée). — Corps mou, composé de : tête, thorax, abdomen, avec quatre paires de pattes articulées. La tête se confond avec le thorax, qui ne porte ni carapace ni écusson. Pas d'ailes ni d'antennes. La peau est glabre ou velue : telles les *Araignées*, etc.

Chez ces animaux, la bouche est composée de deux mandibules se mouvant l'une et l'autre de haut en bas, terminées par un crochet mobile à l'extrémité duquel est la petite ouverture qui verse la liqueur venimeuse de l'individu, et de deux mâchoires avec lèvre inférieure seulement, la supérieure manquant.

La respiration se fait au moyen de *trachées* ou de *sacs pulmonaires*, placés d'ordinaire à la face inférieure de l'abdomen. — Le cœur est placé au haut du corps et composé d'un gros vaisseau renflé duquel partent des branches qui vont distribuer le sang dans toutes les parties.

Les organes de la vue chez les Arachnides, se composent de petits yeux lisses qui apparaissent comme des petits points, au nombre de deux à sept, diversement groupés sur le céphalo-thorax.

Cet ordre se divise en deux familles : 1° les Arachnides *pulmonés*, dont l'*Araignée* est le genre type ; 2° les Arachnides *trachéens*, où l'on trouve les *Acares*, les *Mites*, etc.

D) *Myriapodes* (de *murios*, innombrable et *pous*, pied). — Animaux articulés, à segments nombreux, à chacun desquels s'articulent une ou deux paires de pattes. L'abdomen n'est pas distinct du thorax. La tête est pourvue de deux antennes qui président au toucher ; les yeux sont simples ou composés, quelquefois manquant tout à fait.

La bouche est composée de deux mandibules épaisses, sans palpes, formées de deux pièces articulées au-dessous desquelles est une sorte de lèvre divisée en quatre pièces, également articulées. — Le tube digestif est droit. — La respiration se fait au moyen de trachées qui s'ouvrent par des stigmates sur les côtés du corps.

Les Myriapodes comprennent comme principaux genres : *Iules*, *Scolopendres*, *Scutigères*, *Géophiles*, etc., tous animaux terrestres.

E) *Insectes*. — Classe extrêmement nombreuse

(on en compte environ 170.000 espèces), variée par ses formes, ses métamorphoses et ses habitudes terrestres ou aquatiques ; elle marque un grand perfectionnement d'organisation. Voici les caractères génériques de ces animaux : corps avec tête, thorax et abdomen distincts. Le thorax est formé de trois anneaux dont les arceaux du ventre portent trois paires de pattes, chacune avec hanche, cuisse, jambe et tarse. Très variable de forme, le tarse sert de base à la classification des genres. — L'abdomen est composé d'un plus grand nombre d'anneaux ; il y en a souvent jusqu'à neuf, mobiles les uns sur les autres.

Les Insectes sont d'une taille très différente selon les genres, depuis celle qui ne peut être aperçue qu'au moyen du microscope, jusqu'aux grosses espèces, le *Scarabée actéon*. La tête porte des yeux et des antennes.

Il y a des Insectes qui ont des ailes, d'autres qui en sont dépourvus. Les Insectes *ailés* ont quelquefois quatre ailes au lieu de deux ; les deux supérieures, nommées *élytres*, sont d'une matière cornée et protègent les inférieures, dont la texture est fine, lamelleuse et nervurée (*Hanneton*).

Les Insectes sont pourvus des cinq sens : vue, odorat, ouïe, toucher (par les antennes), gustation. Nous n'en décrirons ni les organes ni le mécanisme.

Quant à la vie de nutrition, elle offre une certaine complication. La bouche est généralement composée d'une lèvre supérieure (*labre*), d'une lèvre inférieure et de deux paires de mâchoires latérales, dont la supérieure constitue les *mandibules;* elle offre une disposition fort différente, suivant que l'animal est *broyeur* ou *suceur.*

Chez les Insectes suceurs, qui ne vivent que de matières liquides, la bouche présente presque toujours une espèce de trompe ou de suçoir rétractile et mobile, que l'on a pris à tort pour une langue : c'est le *labre;* il s'allonge de manière à constituer une espèce de trompe tubulaire. Cette disposition existe chez la *Puce*, les *Cousins*, les *Mouches*, etc.

Le tube digestif est droit et d'un diamètre presque uniforme chez certains ; il est flexueux, avec renflements et rétrécissements alternatifs chez d'autres. Court chez les Insectes carnassiers, il est plus long dans les herbivores.

L'appareil circulatoire des Insectes, assez simple, est composé d'un vaisseau, étendu le long de la paroi du dos et exécutant des mouvements de dilatation et de contraction successifs.

Le liquide nourricier pénètre dans ce vaisseau dorsal par des ouvertures latérales munies de valvules. Le mouvement du sang ne dépend pas uniquement de cet organe. Milne Edwards a découvert chez plusieurs Insectes des val-vules mobiles, dont les battements déterminent dans le sang des courants rapides, qui se mani-festent principalement dans les pattes.

La respiration des insectes se fait par des *tra-chées* ou vaisseaux communiquant à l'extérieur par des ouvertures, appelées *stigmates* ; si bien que le sang, au lieu de se mettre en contact avec l'air dans un point déterminé du corps, comme chez les Mammifères, reçoit l'influence de l'oxygène atmosphérique, par le moyen de ces stigmates, qui sont situés en général sur les parties latérales et supérieures de chaque anneau, excepté aux deux derniers segments du thorax.

Les *Insectes* ont été distribués en quatre groupes basés sur les changements par lesquels ils doivent passer.

Dans le premier groupe sont les Insectes qui, après être sortis de l'œuf ou du ventre de la mère, ne subissent aucune transformation pro-prement dite (*Poux, Araignées*, etc.).

Dans la seconde classe, il ne se produit qu'un changement incomplet (*Libellules, Éphémères, Cigales, Sauterelles*, etc.).

La troisième classe comprend les Insectes qui éprouvent un changement total et quittent leur peau pour paraître sous la forme de *nymphes* ou de *chrysalides*. Mais ici une sub-division s'impose, basée sur ce que l'enveloppe est fine et transparente (*Abeilles, Guépes, Four-mis,* etc.), ou que cette enveloppe est écail-leuse, crustacée, opaque : (*Papillons, Sphinx, Phalène,* etc.).

Enfin, dans le quatrième groupe sont les Insectes qui deviennent nymphes sous leur propre peau, dont ils ne se défont pas (*Diptères, Mouches, Cousins, Moucherons, Fourmis*) ?

Métamorphose. — C'est la fonction des ani-maux dont le développement est interrompu et qui s'opère par des phases successives pendant lesquelles l'animal vit d'une vie indépendante, acquiert au cours de chacune de ces phases des organes entièrement différents de ceux qu'il avait pendant la phase précédente (*Insectes, Reptiles, Batraciens*). La métamorphose est incomplète pour les *Blattes, Sauterelles, Gril-lons,* etc., elle est complète pour les insectes qui nés d'un œuf à l'état de (*Larve, Ver, Chenille*) passent à l'état parfait en passant le plus sou-vent par l'état de *chrysalide.*

§ 4. VERTÉBRÉS. — Les vertébrés (de *vertere,* tourner) sont les Animaux pourvus de vertèbres ou tout au moins de pièces osseuses qui en tien-nent lieu. Le premier anneau de la chaine est constitué par le Poisson, le dernier par l'Homme.

Les Vertébrés se distinguent essentiellement

par une série de petits os épineux percés d'un trou au milieu et qui s'articulent les uns avec les autres pour constituer l'axe de la charpente osseuse, lequel axe est désigné par les anatomistes sous le nom de *rachis*.

C'est dans les Vertébrés que se trouve l'organisation la plus parfaite du règne animal.

Mais de très grandes différences existent, sous ce rapport même, suivant la classe à laquelle appartiennent les animaux.

Ainsi pour le système nerveux, c'est le cerveau, renfermé dans la cavité crânienne ; la moelle épinière, contenue dans le canal rachidien ou vertébral ; puis les nerfs, qui naissent les uns du cerveau, les autres de la moelle épinière, pour se rendre et se distribuer dans tous les organes.

Le canal digestif est très long, offrant des renflements de distance en distance.

Le cœur est généralement à deux cavités. Par exception, chez les Poissons, cet organe est simple, c'est-à-dire à une seule cavité ; dans toutes les autres classes, il est double ou à deux cavités.

Ces cavités du cœur communiquent l'une dans l'autre chez les Reptiles ; mais dans les Oiseaux et les Mammifères, elles sont sans communication directe entre elles, c'est-à-dire que le sang qui arrive dans l'une (celle du côté droit) par les veines, ne repasse dans l'autre (celle de gauche) qu'après avoir traversé les poumons.— Le sang est toujours rouge.

Les organes de la respiration sont constitués par des *branchies* ou par des *poumons*, selon les espèces.

La locomotion a lieu au moyen de nageoires ou de membres (deux ou quatre), ou même sans les uns et les autres, comme chez les Serpents.

Complétons ces courtes notions en passant en revue les quatre classes de Vertébrés : Poissons, Reptiles, Oiseaux et Mammifères.

A) Les *Poissons* sont des animaux aquatiques dont la forme extérieure varie, ayant généralement le corps tout d'une venue. Tête aussi grosse que le tronc, non séparée de celui-ci par un rétrécissement (cou) ; la queue ne se distinguant guère du reste du corps. Le squelette est ordinairement osseux, mais dans un certain nombre d'espèces il est à l'état permanent de cartillage ; chez quelques-uns même la charpente est toute membraneuse, ce qui établit le passage de cette classe aux précédentes ou Invertébrés. Pas de membres ; ils sont remplacés ordinairement par de simples appendices rayonnés (*nageoires*), qui communiquent le mouvement au sein de l'onde qu'ils frappent. Ce mouvement, si vif, des poissons est favorisé par une *vessie natatoire*, espèce de poche oblongue contenue dans le corps de l'animal, et qui se remplissant de fluide gazeux par une sorte de sécrétion peut s'en débarrasser au besoin, au moyen d'un canal qui communique avec l'estomac et l'œsophage, ce qui rend l'animal plus ou moins léger ou lourd, suivant l'état de plénitude ou de vacuité de ladite vessie natatoire.

Les yeux des Poissons sont très grands ; mais les autres sens sont généralement assez obtus.

Les organes de la digestion (estomac, intestins), varient quant à leurs formes et divisions. La position de l'anus n'est pas partout la même non plus ; cette ouverture est située quelquefois à la base de la gorge. — Le foie est volumineux.

Le cœur, avons-nous dit, se compose d'une oreillette et d'un ventricule ; il ne reçoit que du sang veineux qui, poussé dans les branchies par le ventricule, est ensuite dirigé par l'artère dorsale dans toutes les parties, pour revenir à l'oreillette par les veines.

La respiration est intéressante à étudier chez le Poisson. Elle a pour organe spécial des *branchies*, filaments flexibles disposés sur deux rangs, très riches en vaisseaux artériels. L'eau entre par la bouche et arrive aux branchies, auxquelles elle abandonne l'oxygène qu'elle tient en dissolution ; elle s'échappe ensuite par les *ouïes*.

Les Poissons forment deux ordres principaux, suivant qu'ils sont osseux (*Acanthoptérygiens*). ou cartilagineux (*Chondroptérygiens*); un grand nombre de Familles se groupent autour de l'un et de l'autre ordre.

B) Les *Reptiles*. — Ils sont de formes très différentes; tous pourvus d'un squelette. Les caractériser, cela ne se peut qu'en signalant leur différence d'avec les autres Vertébrés. Par exemple quelques-uns ont des branchies dans les premiers temps de leur existence; mais, à l'état parfait, ils respirent par les poumons. Il en est qui conservent les deux genres d'organes respiratoires : ceux-là sont les véritables amphibies (*Sirène, Protée*).

D'autres reptiles ont le corps couvert d'une peau, nue chez ceux-ci, écailleuse chez ceux-là, tandis que les Oiseaux, autres vertébrés, ont des plumes. Point de mamelles, ce qui les distingue des Mammifères. Les uns sont dépourvus de membres et de pattes (*Serpents*); les autres, au contraire, en possèdent et de bien agiles au nombre de quatre (exemple : *Caméléon*). La plupart sont terrestres; un certain nombre sont aquatiques, et quelques-uns amphibies; enfin il en est (*Dragon*) qui peuvent s'élever dans les airs au moyen de membranes disposées en parachutes.

Les Reptiles sont des animaux à sang rouge,

froid et à respiration pulmonaire, en général ; leurs mouvements sont rares chez la plupart. On les divise en quatre ordres : les Batraciens, les Ophidiens, les Sauriens et les Chéloniens.

a) Batraciens. — Reptiles pourvus de quatre pattes, avec doigts sans ongles ; peau nue et sans écailles ; pas de queue (*Grenouille, Crapaud*) ; ou présence d'une partie caudale, d'une queue (*Sirène, Salamandre*, etc.)

Sauf l'Axolott, ils subissent des métamorphoses. Sortant de l'œuf à l'état de *Têtard*, ils vivent quelque temps sous cette forme, respirant alors par les branchies, à la manière des poissons ; dans cette première période de leur existence ils sont exclusivement aquatiques. Plus tard, des poumons se développant, ils respirent de l'air ; enfin, parvenus à l'état parfait, ils jouissent d'une respiration aérienne complète. Les membres, d'abord cachés sous la peau, ne se développent que par l'évolution de la métamorphose, et en même temps, la queue si apparente et si mobile du têtard disparaît.

Après s'être nourris de substances végétales dans les premiers temps de leur existence, les Batraciens deviennent carnassiers en arrivant à leur état parfait.

Ils forment deux familles : les B. anoures, ou qui sont sans queue (*Crapauds, Grenouilles,*

Rainettes, Pipas); — les B. urodèles ou à queue apparente (*Sirènes, Protées, Tritons*).

b) *Ophidiens* ou *Serpents*. — Reptiles vertébrés à corps allongé, arrondi, étroit, dépourvu de pattes et de nageoires. Tête à un seul condyle arrondi, cou non distinct ; absence de conque, de canal auditif externe et de paupières mobiles. — La bouche est garnie de deux pointes ou crochets acérés, marqués d'une rainure ou gouttière, et à la base desquels est une petite glande vésiculeuse qui sécrète un *venin* extrêmement subtil chez certains genres. Les mâchoires, par une disposition anatomique particulière, peuvent se dilater énormément, d'où la faculté que possède l'animal de déglutir des proies énormes.

Le canal intestinal est d'une longueur qui ne dépasse guère celle du corps ; l'estomac est peu distinct. La digestion est lente, ainsi que l'accroissement du corps. La durée de la vie est très longue.

Le cœur est petit ; chez certaines espèces, une communication existe entre le ventricule droit et l'aorte.

Il y a deux poumons, en forme de sacs allongés ; mais un seul est bien développé, s'étendant sous l'œsophage, l'estomac et le foie, comprimant et atrophiant son congénère ; pas de côtes, ni sternum. — La respiration est peu active; elle peut d'ailleurs se suspendre au gré de l'animal.

c) Sauriens ou *Lézards.* — Vertébrés à corps allongé pourvu de quatre pattes, rarement deux, avec des doigts à ongles crochus; quelquefois, pourtant, absence de pattes. Peau fortement chagrinée ou couverte d'écailles; mais, différence d'avec les Serpents, présence de côtes et de sternum; paupières mobiles; dents enchâssées.

Séparés des Serpents, comme il vient d'être dit, les Lézards diffèrent des Batraciens en ce qu'ils ne subissent pas de métamorphoses; ils se distinguent des Chéloniens par l'absence de carapace.

Néanmoins les Sauriens sont les vertébrés qui offrent le plus de rapports avec les autres reptiles : vie, digestion, accroissement assez longs. Les uns sont aquatiques (*Crocodiles, Caïmans*); les autres terrestres (*Lézards*). Les *Dragons*, avons-nous dit déjà, se soutiennent dans les airs.

d) Chéloniens ou *Tortues.* — Vertébrés, d'un caractère tout particulier : Corps muni de quatre pattes, protégé d'une double cuirasse, composée de deux plans osseux qui constituent un véritable squeletté extérieur. On nomme *carapace* la partie supérieure de cette cuirasse, *plastron* l'inférieure. Entre ces deux plans sont logés tous les organes, sauf la tête et les pattes, qui elles-mêmes, toutefois, s'y réfugient lorsque l'animal est attaqué.

On divise les T. en marines et en T. d'eau douce. La première donne des œufs presque aussi bons que ceux d'une poule. De la seconde on prépare un bouillon réparateur.

Nous ne croyons pas nécessaire d'en dire davantage sur ces Reptiles ; ajoutons seulement que les naturalistes les partagent en quatre familles : 1° les *T. terrestres* ; 2° les *T. aquatiques* ; 3° celles qui se *cachent* tout entières sous leur double bouclier ; 4° celles qui ne *peuvent s'y cacher*.

. C) *Oiseaux*. — Classe de vertébrés conformés pour le vol. Toute leur organisation architecturale concourt à les rendre très légers ; en même temps qu'ils sont doués d'une puissance musculaire très grande, double condition qui leur permet de s'élever dans les airs et s'y diriger. Car les membres antérieurs sont développés en ailes, sortes de rames larges mues par des muscles vigoureux ; toutes les parties du squelette, grâce à la porosité des os, joignent à une grande solidité une pesanteur relativement peu considérable ; enfin des plumes, matière extrêmement légère, recouvrent le corps.

Les ailes des oiseaux correspondent aux membres antérieurs des Mammifères ; on peut y distinguer, en effet, comme dans ces derniers, l'humérus, le cubitus et le radius, voire même le carpe, lesquels sont très développés chez la plupart des Mammifères et atteignent leur perfectionnement chez l'Homme.

Chez les Oiseaux, toutes les vertèbres dorsales sont soudées; les côtes et le sternum pareillement.

Le bec tient lieu de dents; il n'y a pas de mastication, ou celle-ci est très imparfaite; par contre, le gésier est puissant, pouvant digérer les substances les plus dures.

Le tube digestif présente ordinairement trois estomacs, espacés : le premier est le *jabot*, le deuxième le *ventricule succentorié*, le troisième le *gésier*. Le gros intestin se termine par une sorte de poche (*cloaque*), qui est commune à l'urine, au fèces et à l'ovulation.

La circulation est double, comme chez les Mammifères, c'est-à-dire que le cœur est composé de deux oreillettes et deux ventricules. Le sang est rouge, très riche, fibrineux.

La respiration se fait par des poumons, mais ils sont peu volumineux; une sorte de respiration supplémentaire s'opère dans les sacs aériens et les canaux osseux, dont le but spécial, nous le répétons, est de rendre la pesanteur spécifique de l'animal moindre.

D) *Mammifères* (de *mamma*, mamelle). — Ainsi que l'exprime cette dénomination, les animaux rangés dans cet ordre ont pour caractère essentiel, spécifique, d'être nourris à la mamelle. L'Homme en fait partie. Nous verrons bientôt par quelles qualités supérieures il se distingue de tous les autres genres.

Les Mammifères jouissent des facultés les plus étendues, de mouvements les plus variés et des sensations les plus délicates, sans parler de leurs instincts, où se mêle une plus ou moins forte dose d'intelligence.

Ils sont vivipares. Lorsqu'ils naissent, les petits ont déjà la forme extérieure et les principaux caractères anatomiques qu'ils conserveront durant leur vie. Ils ont pourtant encore besoin des soins de leurs parents ; ils tirent même leur alimentation du corps de ces derniers, car leur mère les nourrit un temps plus ou moins long à l'aide du lait que sécrètent ses glandes mammaires. Ils se distinguent, à première vue, de tous les autres animaux par les poils dont est recouvert leur corps.

Le cerveau, plus développé que chez les autres espèces animales, acquiert, dans certains d'entre eux, un volume considérable. Leurs relations avec le monde extérieur sont aussi plus variées plus complètes, plus actives. Même perfectionnement du côté des organes de digestion, de respiration, de circulation, et surtout de reproduction.

4.

Nous verrons bientôt en quoi consiste le perfectionnement sous ce dernier rapport.

Les Mammifères se partagent en neuf ordres, désignés par Cétacés, Ruminants, Pachydermes, Édentés, Rongeurs, Marsupiaux, Carnassiers, Quadrumanes et Bimanes (1).

a) *Cétacés* (de *chétos*, baleine). — Animaux marins, de génération vivipare et à allaitement mammaire. Ils ont été confondus autrefois avec les Poissons, à cause du milieu où ils vivent et de leur forme pisciforme ; mais ils ont des mamelles et c'est par ce caractère qu'ils en diffèrent essentiellement.

Les membres antérieurs sont remplacés par des nageoires. Les membres postérieurs manquent. Le corps s'allonge en une queue épaisse que termine encore une large nageoire. Aux membres antérieurs on distingue l'humérus, le radius et le cubitus, qui sont des os très courts.

Les Cétacés forment deux familles : 1° les herbivores (*Lamantin*, *Dugond*) ; 2° les ichthyophages, c'est-à-dire qui se nourrissent de poissons (*Dauphin*, *Baleine*, *Cachalot*). Dans la première, les narines s'ouvrent à l'extrémité du museau ; dans la seconde, les narines sont percées à la partie postérieure de la tête, ce

______

(1) L'espèce humaine n'est point comprise dans ces ordres de mammifères, quoiqu'en en étant le type (voir la 3ᵉ partie).

qui leur permet de lancer de l'eau par ces ouvertures, et ce qui leur a valu l'épithète de
souffleurs.

b) Ruminants. — Mammifères ayant pour
caractère le pouvoir de ramener les aliments
dans la bouche, après les avoir digérés une
première fois dans l'estomac. Ils ont quatre
membres ; les pieds sont terminés par deux
sabots qui se touchent par leur face interne
plate. — Cerveau peu développé. Sens obtus.
Caractère paisible. Régime herbivore.

Autre caractère essentiel des Ruminants,
c'est qu'ils sont munis de cornes, lesquelles
sont tantôt pleines et caduques, tantôt creuses
et permanentes (*Bœuf, Cerf, Chameau, Antilope,
Mouton*, etc.)

c) Pachydermes. — Ainsi que l'indique étymologiquement le nom, animaux à peau épaisse
et dure, très souvent nue. Tous, le *Cheval*
excepté, ont le corps trapu et bas sur jambes.
Ils ne ruminent pas, n'ont ni cornes ni bois au
front. Pieds constitués par des *sabots*, cette
enveloppe cornée qui confond et immobilise les
doigts. Comme les précédents, ces animaux
sont herbivores, ont le cerveau peu développé
et l'intelligence en rapport. Toutefois l'*Éléphant*
et même le *Cheval* sont bien supérieurs sous
ce rapport aux Ruminants.

On distingue les Pachydermes en P. proboscidiens ou à trompe (*Éléphant*); en P. ordinaires, qui ont quatre, trois ou deux doigts à leurs pieds (*Cochon, Hippopotame* et les *Solipèdes*), ces derniers n'ayant qu'un doigt apparent et un seul sabot à chaque pied (*Cheval, Ane, Zèbre,* etc.).

d) *Édentés.* — Cette famille ne comporte pas un caractère général précis : l'appareil dentaire sur lequel repose leur nom générique se compose de molaires et de canines, sans incisives sur le devant de la bouche; quelquefois même toute dentition manque, comme chez le *Fourmilier*.

Ces animaux forment le passage des ongulés aux onguiculés. Ils sont pourvus d'ongles gros, embrassant l'extrémité des doigts. Par la disposition de leurs membres encore plus que par le caractère, ils sont peu propres aux mouvements agiles et gracieux : ce qui leur a fait donner le nom de *Paresseux, Tardigrades* (*Tatous, Pangolins, Fourmiliers,* etc.).

e) *Rongeurs.* — Comme la précédente, cette famille de Mammifères a été fondée sur le système dentaire ; deux longues dents occupent la place des incisives à chaque mâchoire; un espace reste vide de chaque côté à la place ordinaire des canines; les molaires sont à couronne plane, marquées de lignes transversales ou de tubercules mousses, etc.

Les Rongeurs sont généralement de petite taille ; leurs membres postérieurs sont plus longs que les antérieurs, tous pourvus d'ongles aux doigts. Animaux craintifs, herbivores ou frugivores pour la plupart ; quelques-uns sont omnivores, le *Rat*, par exemple.

Le squelette des Rongeurs offre de nombreuses particularités que nous n'avons pas à signaler. Disons seulement que la clavicule est tantôt complète, tantôt incomplète ou presque nulle, et que l'on s'est servi de ce caractère pour leur classification. En effet, ces animaux sont partagés en rongeurs non claviculés (*Cabiais, Lièvres, Agoutis, Cobayes,* etc.), et en R. claviculés (*Écureils, Marmottes, Gerboises, Castors, Rats, Loirs,* etc.).

F) *Marsupiaux* (de *Marsupion*, bourse). — Ce nom provient de ce que certains de ces Mammifères, qui furent observés les premiers, sont pourvus, sous l'abdomen, d'une poche membraneuse, espèce d'utérus externe renfermant les mamelles, où les petits séjournent pendant l'incubation supplémentaire, et où ils trouvent asile et refuge contre les dangers. C'est que ces animaux n'ont qu'une vie intra-utérine très courte, privés qu'ils sont d'un placenta intermédiaire nutritif. Expulsés de l'utérus dans un état d'imperfection extrême, ils subissent en sortant une gestation supplémentaire mammaire, étant en quelque sorte comme greffés à la tétine de leur mère durant tout le temps que nécessite leur développement.

Du reste, au point de vue du système dentaire, les Marsupiaux pourraient appartenir les uns aux Rongeurs, d'autres aux Édentés, d'autres encore aux Carnassiers.

Il y a des Marsupiaux carnassiers très redoutables dans le continent australien.

Cet ordre se divise en deux sous-ordres : celui des Marsupiaux proprement dits (*Kanguroo*, etc.), et celui des Monotrêmes (*Ornithorinque*, *Échidné*, etc.).

G) *Carnassiers*. — Mammifères qui, comme leur nom l'indique, se nourrissent d'autres animaux ou de chairs vivantes. Quatre membres onguiculés propres à la locomotion ordinaire ; trois sortes de dents : à chaque mâchoire trois paires d'incisives, une paire de canines et un nombre variable de molaires, de carnassières et d'arrière-molaires. — Cerveau pourvu, dans tous, de circonvolutions à la surface des hémisphères.

De tous les quadrupèdes, les Carnassiers sont les mieux armés : leurs fortes canines et leurs griffes acérées et souvent rétractiles les rendent redoutables à toute la création ; d'autant qu'ils possèdent des sens assez développés, surtout la vue et l'odorat.

On peut en former trois groupes :

a) Les *Chéiroptères*, caractérisés par un repli de la peau qui s'étend entre leurs pieds et qui leur permet de s'élever dans les airs *Chauves-Souris, Galéopithèques*).

b) Les *Insectivores*, remarquables par les pointes aiguës qui surmontent leurs molaires (*Taupes, Hérissons, Musaraignes,* etc.).

c) Les *Carnivores* ou Carnassiers proprement dits : bêtes féroces se nourrissant essentiellement de matières animales (*Lion, Tigre, Hyène,* etc.).

Parmi les Carnivores, les uns appliquent toute la plante de leurs pieds sur le sol ; on les nomme *Plantigrades* (*Ours, Ratons, Blaireaux,* etc.). — D'autres n'appuient que l'extrémité de leurs doigts, ce sont les *Digitigrades* (*Martres, Chiens, Civettes, Hyènes,* etc.). — Il en est dont les membres, impropres à la marche, constituent des sortes de rames pour la natation, ce sont ceux improprement appelés amphibies (*Phoques, Morses, Otaries,* etc.).

d) Quadrumanes. — Animaux qui ont quatre mains, suivant l'éthymologie du mot. On les désigne communément sous le nom de *Singes.* Ces Mammifères sont les uns de l'ancien continent, les autres du nouveau. Rigoureusement parlant, ils ont une ressemblance plus ou moins grande avec l'Homme par les formes extérieures, par les allures et les gestes. C'est en raison de ces caractères que, de tout temps, les savants et le vulgaire ont été incertains s'ils ne devaient pas les associer génériquement à notre espèce.

Toutefois, la famille des *Singes* forme une assez longue série, au bas de laquelle cette ressemblance avec l'Homme est beaucoup moins frappante, et dont l'infériorité est évidente au point de vue multiple de la forme du cerveau et de l'intelligence; ajoutons que le caractère spécifique qui distingue les Quadrumanes (le pouce opposable aux autres doigts), est aussi beaucoup moins marqué chez les *Ouistitis*, les *Colobes*, les *Eriodes*, etc., que chez les *Makis* et les *Singes* proprements dits.

e) *Bimanes.* — Mammifères à deux mains, caractérisés par des membres onguiculés, des mains à pouces opposables; doués à la fois de dents incisives, canines et molaires (*Orangs-Outans*).

Plusieurs zoologistes n'admettent l'ordre des Bimanes qu'à la condition de former l'*ordre humain*, en raison de la perfection d'organisation et des facultés morales et intellectuelles caractéristiques de l'espèce humaine.

H) *Animaux amphibies* (d'*amphi*, de part et d'autre, et *bios*, vie). — On donne ce nom aux animaux qui peuvent vivre un certain temps sur la terre et dans l'eau. Les uns fréquentent l'eau pour y chercher leur nourriture ou pour d'autres motifs (*Hippopotames*) ; d'autres se tiennent habituellement dans les lieux humides (beaucoup de *Reptiles*) ; il en est qui, **pouvant** plonger longtemps, se tiennent le plus souvent ou toujours dans l'eau, mais qui, cependant, ont besoin de respirer l'air de temps en temps et ne peuvent jamais respirer que ce fluide (*Phoques*). Puis viennent les espèces qui respirent l'eau à certaines époques de leur vie, et l'air à certaines autres (*Grenouilles*). Mais les seuls vrais amphibies sont les *Protées*, genre de Batraciens qui habitent les lieux souterrains. Toujours est-il que les animaux amphibiens soit qu'ils aient un ou deux ventricules communiquant ou non, soit qu'ils aient des branchies ou des poumons et branchies à la fois, comme le Protée, ont besoin d'air pour vivre, et ils le puisent et se l'assimilent principalement par la respiration branchiale.

Les Poissons, animaux essentiellement aquatiques, périssent bientôt quand ils sont hors de leur élément, d'abord parce qu'ils manquent absolument de respiration pulmonaire, et qu'ensuite leurs branchies (vulg. *ouies*) se dessèchent et ne peuvent plus fonctionner.

Section II. — CARACTÈRES GÉNÉRATEURS
DES ANIMAUX
(Vie de reproduction)

Le lecteur a pu saisir, au chapitre précédent, les diverses formes et organismes des êtres successivement rangés dans les quatre embranchements, ainsi que leur manière respective d'exécuter les fonctions de Relation et de Nutrition.

Nous avons maintenant à considérer les animaux sous le rapport des fonctions de Reproduction. Or il nous faut revenir à l'ordre déjà suivi, c'est-à-dire aux Zoophytes, aux Mollusques, aux Articulés et aux Vertébrés.

Définissons d'abord les divers modes de reproduction du règne animal; puis le rut et la fécondation.

A.) La *gemmiparité* désigne la génération par certaines tubérances des êtres à organisation très simple, qui se détachent et finissent petit à petit par se développer chacune en un être parfaitement semblable, dans sa forme et sa structure, à celui sur lequel elles se sont montrées. Cette multiplication (ex. : *Hydre verte*, etc.) est analogue à celle qui a lieu chez les végétaux par suite de l'évolution des bourgeons.

B) La *tomiparité* se dit du fractionnement

du corps d'un individu en deux ou plusieurs segments, s'organisant chacun en un être complet qui vit et présente lui-même, au bout d'un certain temps, un semblable mode de multiplication (*Naïs, Vers intestinaux*, beaucoup d'*Infusoires*).

C) *L'oviparité* est la génération par ponte d'œufs. Elle exige le concours d'un organe spécial (organe sexuel mâle) pour donner lieu à l'apparition d'un embryon (l'immense majorité des animaux sont dans ce cas). Quand les organes sexuels sont réunis chez un même individu, celui-ci est dit hermaphrodite (*Huîtres*, beaucoup de *Zoophytes*); mais dans la plupart des animaux les organes mâles et les femelles sont portés par deux individus distincts (*Vertébrés, Mollusques*, certains *Insectes, Crustacés*, etc.).

D) Enfin la *viviparité* ou génération *vivipare* appartient aux animaux dont les petits naissent sans être enveloppés d'un œuf (*Mammifères*, etc.).

E) *Rut*. — Expression du besoin qu'a la femelle de s'unir au mâle, celui-ci subissant l'influence de cet état génésique. Elle en ignore le but sans pouvoir se soustraire à son empire, à moins d'être privée de sa liberté ou que les deux sexes soient tenus séparés. Cet état exerce une grande influence sur l'organisme animal. Ne sait-on pas qu'à l'époque du frai la chair du saumon devient rouge? que les femelles des quadrumanes fournissent des sécrétions odorantes ; leur vulve s'entr'ouvre en quelque sorte, rouge et turgescente ; les mâles répandent aussi des exhalaisons fortes et donnent, à ce moment, une chair dure et de saveur désagréable.

Les divers phénomènes du rut correspondent au développement de vésicules ovariques, qui se manifestent périodiquement à des intervalles réguliers fixés par la nature. Dans le règne végétal, les fleurs elles-mêmes marquent les périodes de leur vie où se manifeste l'instinct en question. A ce moment, avons-nous dit, les étamines laissent échapper le pollen, et le pistil s'ouvre pour en recevoir la poussière fécondante ; des actes similaires se produisent chez les animaux les plus simples, jusqu'aux vertébrés.

F) *Fécondation*. — Chez les animaux cette fonction mystérieuse exige, pour sa réalisation, tantôt un simple contact de sexe à sexe, tantôt l'épanchement d'une poudre ou liqueur spéciale sur les germes ovariques ou sur les œufs libres au dehors, tantôt l'intromission de la verge, avec émission du sperme comme solution d'un véritable accouplement. Les animaux n'engendrent qu'à des époques déterminées, alors que le corps a acquis un développement suffisant ; car les excès d'une civilisation qui leur

manque ne font point naître chez eux cette promiscuité qui tend à corrompre, au physique
comme au moral, le genre humain. Toutefois,
comme pour donner du poids à cette remarque,
certaines espèces domestiques (*Chien*, *Chat*,
Bélier, *Coq*, *Pigeon*, *Singe*, etc.), par cela même
qu'elles sont soumises à une nourriture abondante et à des soins particuliers, peuvent s'accoupler en toute saison, sans préjudice pour
elles comme pour toutes les autres, du temps de
rut marqué par la nature.

La fécondation n'a pas lieu entre espèces de
genres différents, et même la parturition est
rendue impossible, quand les espèces sont très
éloignées. Dans les plus voisines (*Cheval* et
Anesse, *Lièvre* et *Lapine*) la fécondation peut
avoir lieu, mais alors le produit, connu sous le
nom de *métis*, *mulet*, demeure stérile. La nature, en permettant cette dérogation à la règle,
n'a pas voulu que de tels produits pussent engendrer à leur tour et confondre les types.

Les Animaux présentent ce caractère commun avec l'Homme, que le mâle, plus ardent
et plus impétueux, poursuit la femelle, qui
attend et cède. Lorsque la femelle semble répondre difficilement à ses avances, elle ne fait
qu'exciter davantage son désir. Ainsi donc, plus
soucieuse d'assurer la perpétuité de l'espèce
que de sauvegarder la vie individuelle, la na-

ture a voulu que l'un des deux facteurs fût investi du pouvoir de provocation, de séduction et d'entreprise, sans lequel il y eût eu à craindre la disparition des êtres ou la dépopulation du globe par suite d'indifférence génésique.

Toute règle a ses exceptions. Dans le genre Chat, la femelle va chercher le mâle, et, pareille à ces créatures humaines qui entraînent l'homme chez elles, la chatte décide le matou à la suivre jusque dans la demeure de ses maîtres.

Dès que la fécondation s'est opérée, la femelle fuit le mâle et repousse ses approches. Celui-ci, du reste, n'étant plus excité par les émanations spéciales de la femelle en rut, revient à son indifférence habituelle. Toutefois, la femelle du Singe, la Jument, reçoivent encore le mâle après la fécondation ; les Brebis, les Truies, le Lapin et le Lièvre femelles ne refusent pas toujours non plus le congrès, par cette raison sans doute qu'elles sont aptes à concevoir par *superfétation*. (V. ce mot.)

CHAPITRE I

Reproduction des Zoophytes.

Les Zoophytes n'offrent que fort peu de ressemblance entre eux : aussi leur mode de reproduction est-il différent, suivant les genres. Les uns sont gemmipares, les autres ovivares, et tout cela n'est qu'ébauché.

Dans les classes les plus inférieures, les organes préposés à la reproduction se présentent sous la forme de petites capsules remplies d'un liquide dans lequel nagent les spermatozoïdes (organes mâles), ou de parties similaires contenant les germes (sexe femelle) : ce sont des canaux d'une excessive ténuité, serrés, roulés et dont l'enroulement, croissant de plus en plus en remontant l'échelle zoologique, fait que l'organe offre l'apparence d'une glande compacte (*testicule*), à laquelle s'annexent des cryptes, des réservoirs, jusqu'à formation de l'organe (*pénis*) approprié à l'union des parties sexuelles. Quelquefois ils se montrent alternativement en dedans et en dehors de cette cavité, selon les conditions du rut et de l'accouplement. Ils demeurent constamment dans la cavité abdominale chez les Mollusques, les Articulés ; il en est de même pour les Vertébrés ovipares, les Oiseaux, et certains Mammifères (*Baleine*, *Phoque*, *Éléphant*, etc.).

Ils sortent de l'abdomen à l'époque du rut chez la Chauve-Souris, la Taupe, la Musaraigne, le Hérisson, le Cochon d'Inde, le Castor, le Rat, etc.

Mais dans la généralité des Mammifères ces

organes sont situés hors du ventre, soit en arrière de l'ischion (Carnassiers, *Porc*, *San-glier*, *Dromadaire*, etc.), soit en avant du pubis et du trajet inguinal (Solipèdes et Ruminants, *Cheval*, *Ane*, *Taureau*, etc.).

Les testicules ont pour fonction la sécrétion d'un liquide particulier, appelé *sperme*, de *sperma*, semence.

Dans les animaux inférieurs, les *organes fe-melles* ne diffèrent pas sensiblement, quant à la forme, des organes mâles, car ils présentent comme ceux-ci la disposition sacciforme ou tubu-laire. Dans l'intérieur des tubes, on distingue des cellules spéciales qui deviendront, par fé-condation, le premier degré de la formation de l'embryon. Ces cellules sont des *ovules*.

Les appareils sexuels du mâle et ceux de la femelle présentent une grande analogie d'as-pect, de structure, de développement et de fonction. Tous les deux ont pour rôle de fournir des cellules spéciales; seulement, tandis que chez le mâle ces cellules donnent naissance à des *spermatozoïdes*, chez la femelle elles pro-duisent des ovules ou *germes*.

Les organes mâles et les organes femelles sont toujours distincts, le plus souvent séparés et portés par deux individus de même espèce.

Quelquefois ils sont réunis sur le même indi-vidu, quoique séparés.

L'*hermaphrodisme* est vrai ou faux. Le premier (herm, *vrai*), dont la plupart des plantes phanérogames nous offrent des exemples, existe aussi chez les Infusoires, les Rotifères, les Polypes, les Échinodermes, les Mollusques ; on ne l'a pas rencontré chez les Vertébrés. — Mais l'hermaphrodisme *faux*, qui consiste dans un vice de développement ou anomalie congénitale des organes, donnant à l'individu l'apparence de l'un et de l'autre sexe, s'observe quelquefois dans l'espèce humaine. (V. d'autre part *Hermaphrodisme*.)

Chez un grand nombre de Zoophytes la multiplication a lieu par *gemmes* ou par des *bourgeons* qui se développent sur les différentes parties de l'être et s'en détachent à une certaine époque pour reproduire de nouveaux individus : ce mode de génération a de l'analogie avec ce qui se passe dans les Végétaux, où chaque bourgeon représente en quelque sorte un individu distinct.

La plupart des *Zoophytes* sont pourvus d'organes générateurs de l'ordre *ovipare;* chez la plupart aussi les deux genres d'organes sont réunis sur le même individu, qui est par conséquent *hermaphrodite.*

Les *Polypes* se reproduisent en général par des œufs et aussi par bourgeonnement.

Dans les *Vers intestinaux*, les organes sexuels

sont séparés sur deux individus différents.

Les *Lombrics* ou *Vers de terre* sont herma-phrodites. Leurs organes aboutissent à un renflement situé à peu près au tiers antérieur du corps. Deux individus concourent à la fécondation en opérant un double accouplement ; et l'union est si intime qu'il est à peu près impossible de les séparer autrement que par lambeaux.

Les *Orties de mer* (Acalèphes) sont unisexuées ; souvent les femelles ont des ovaires qui s'ouvrent dans l'estomac, et alors elles semblent vomir leurs œufs.

CHAPITRE II

Reproduction des Mollusques.

Les Mollusques sont hermaphrodites, mais souvent l'un des deux organes est difficile à découvrir. Tantôt l'individu se suffit à lui-même (l'*Huître*, par exemple), tantôt le concours des deux individus est nécessaire, bien que chacun porte les deux sexes. Dans ces cas, il y a, comme il vient d'être dit, double accouplement, c'est-à-dire que l'un des conjoints introduit son organe mâle dans l'oviducte de l'autre, en même temps que ce dernier agit de même à l'égard du premier (*Limace*, etc.).

Mais l'accouplement de la *Limace* est si singulier que nous voulons répéter ici ce qu'en a dit Redi, qui l'a longtemps observé. « Les Limaces mâles et femelles ont dans l'intérieur du corps un organe pour la génération, qui est exactement de même forme et de même grandeur dans les deux sexes. Cet organe est une espèce de cordon que les deux individus, lorsqu'ils veulent s'accoupler, poussent au dehors par un mécanisme semblable à celui qui fait sortir leurs cornes. Lorsque ces cordons sont étendus dans toute leur longueur, ils ont plus d'une brasse, mesure de Florence. Les Limaces les entortillent et les entrelacent ensemble et restent assez longtemps en cet état... »

L'ouverture par laquelle l'animal pousse l'organe de la génération dont parle Redi est placée au côté droit de la tête, entre la bouche et le passage de la respiration. Cela est exact, mais dans tous les détails que donne cet observateur, on ne trouve rien qui rende une idée exacte du phénomène de la fécondation et de son siège.

CHAPITRE III

Reproduction des Articulés.

Les animaux de cet Embranchement sont les uns hermaphrodites (*Vers, Crustacés*), les autres unisexués (*Insectes, Arachnides*, etc.).

A) Parmi les *Vers*, ceux que l'on connaît le mieux communément sont les Lombrics ou Vers de terre et les Sangsues. Les premiers (*Anné-lides*), dans l'accouplement, se touchent environ par la moitié du corps qui se gonfle, et ils demeurent si fortement attachés l'un à l'autre qu'ils se laissent écraser plutôt que de se quitter. Linné a remarqué que l'accouplement se fait par le collier, c'est-à-dire près de la tête, ressemblance qu'ils ont sous ce rapport avec les *Li-maces*. Toutefois, les œufs fécondés se dirigent par des conduits spéciaux vers la partie postérieure du corps et sortent près de l'anus ; ces œufs sont tantôt enveloppés d'une espèce de cocon, tantôt abandonnés après la ponte.

Redi assure que les *Sangsues* sont, comme les limaces, des animaux dont les parties de la génération se ressemblent dans les deux sexes : « Les mâles et les femelles de Sangsues, dit-on, ont la même conformité dans ces organes, du moins je les ai trouvés tels. »

B) *Insectes.* — Les organes affectés à de la reproduction sont toujours séparés sur deux individus. D'une contexture déjà assez compliquée, ils sont situés dans l'abdomen et viennent aboutir à l'anus, dans un véritable cloaque, où s'ouvrent le canal digestif et les canaux de la génération. Les mâles possèdent deux testicules, deux vaisseaux préparateurs de la se mence, un canal éjaculateur. Il n'y a pas de pénis proprement dit, mais (*il existe*) à l'embouchure du canal d'émission spermatique deux pièces de nature cornée, destinées à retenir la femelle unie au mâle.

Les organes femelles se composent de deux ovaires, ayant la forme de vaisseaux flexueux, et venant aboutir à un canal oviducte terminé par une sorte de vagin.

Très souvent la femelle de l'insecte est armée d'une *tarière*, à l'aide de laquelle elle prépare la demeure qu'elle destine à ses œufs.

Les mâles sont généralement plus petits que les femelles. Plusieurs espèces sont très lascives. Du reste, une grande variété d'organisation sexuelle existe dans cette classe.

Les Insectes, pour la plupart, passent par trois états bien distincts : *Larve, Nymphe, Insecte parfait*, c'est ce qu'on nomme *métamorphose* (V. ce mot). Les changements qu'ils subissent sont inégalement marqués : tantôt ils rendent l'animal méconnaissable, d'autres fois ils ne consistent qu'en un développement d'ailes. Ces diverses métamorphoses sont donc complètes ou incomplètes.

Les Insectes à métamorphose *complète* sont toujours plus ou moins vermiformes en sortant de l'œuf. On leur donne alors le nom de *Larves*. Elles ont le corps allongé, mou, divisé en anneaux mobiles dont le nombre normal est de treize. Il en naît sans pattes, d'autres qui en sont pourvues, en nombre variable ; la conformation de ces dernières ne rappelle en rien celle de l'animal parfait.

Quant aux *Nymphes* ou *Chrysalides*, deuxième métamorphose, elles se présentent comme une sorte d'emmaillotement que la larve s'est créé et qui la cache entièrement jusqu'au moment où cette espèce d'étui se rompt pour donner issue à l'*insecte parfait*.

Pas de métamorphose pour les Pous, Pucerons, Araignées, etc.

C) Les *Pucerons* méritent une mention spéciale en raison de leur mode particulier de reproduction. Ils font plusieurs pontes par an. Tant que les beaux jours durent, les femelles produisent des petits qui sortent vivants de leur mère, et se répandent sur les arbres où ils trouvent une nourriture facile. Mais, à la fin de l'automne, ces mêmes femelles ne font plus que des œufs, qu'elles mettent à l'abri des rigueurs de l'hiver et qui se conservent jusqu'au printemps, époque où ils éclosent. Fait remarquable, les femelles provenant de ces œufs n'ont pas besoin d'être fécondées pour donner le jour à d'autres petits vivants de leur espèce.

Les Pucerons multiplient d'une manière prodigieuse. On a calculé qu'une femelle peut, à la dixième génération, donner naissance à un quintillion d'individus.

D) *Araignées* ou *Arachnides*. — Les organes sexuels sont à la base de l'abdomen. Ils sont constitués, chez le mâle, par deux testicules, deux vaisseaux déférents et une verge courte ; chez la femelle, par deux ovaires tubulés, auxquels pendent les œufs réunis en grappe, et par deux oviductes et une vulve.

Réaumur, en parlant du mode d'accouplement des Araignées dit ceci : « Outre leurs pattes, les Araignées ont en avant deux espèces de bras placés comme les antennes. Chacun de ces bras se termine, dans quelques-unes, par un bouton. M. Lyonnet observa deux Araignées tournées l'une vers l'autre qui s'enlacèrent quelque temps avec leurs pattes. Une des deux ouvrit ensuite le bouton d'un de ses bras : il en sortit la partie qui est propre au mâle, qui fut portée sous le ventre de la femelle et introduite dans une fente qui est à son origine... Cet accouplement est différent de tous ceux que les autres Insectes nous font voir. »

On sait maintenant la cause qui avait fait croire que les sexes étaient placés dans les antennes : un mouvement de frémissement du mâle frottant ces organes contre la femelle, avait donné lieu à l'erreur.

Une particularité singulière des amours chez

les *Araignées* consiste en ce que ces animaux ne se rapprochent qu'avec prudence et défiance ; ils craignent mutuellement d'être dévorés. Le mâle, par exemple, étant plus petit que la femelle, ne se hasarde qu'en tremblant.

Quoi qu'il en soit, deux mois environ après la fécondation, une quantité d'œufs plus ou moins considérable, selon les espèces, sont pondus. La mère les enveloppe d'un *cocon* et les fixe au fond de son nid, où elles les emporte avec elle.

E) *Libellules.* — Elles s'accouplent d'une manière qui mérite d'être remarquée, d'autant que l'on n'a pas été d'accord sur le sexe qui entraîne l'autre lors de l'union sexuelle. Réaumur, qui les a observées dans cet état, nous apprend que les parties propres au mâle sont tout autrement placées que dans les autres Mouches. Examinant le dessous du corps du mâle près de sa jonction avec le corselet, à ses premiers anneaux, il a remarqué des parties qu'on cherche inutilement au corps de la femelle. Aussi, dans l'accouplement, le bout du corps de l'une, de l'antérieure, est posé sur le col de la postérieure ; toutes deux volent de concert, le corps étendu en ligne droite. L'individu qui est devant est le mâle, lequel avec des crochets qu'il a au bout du derrière, tient sa femelle saisie par le col et la conduit où il lui plaît d'aller.

Cette description diffère de la suivante :

« Le mâle, dont les organes reproducteurs sont à la base du corselet, erre dans les airs. Aperçoit-il la femelle, qui a les parties génitales à l'extrémité du corps, il fond sur elle, la saisit par le col ; avec sa queue bifurquée la force à se coucher pour appliquer l'extrémité de son corps à la base du sien et opérer ainsi l'accouplement dans les airs. C'est ainsi que l'on voit voltiger en été, au bord des eaux, ces insectes réunis en anneaux. »

La femelle pond dans l'eau des œufs d'où sortent de petites larves carnassières, pourvues de longues pattes hérissées de soies, et qui se traînent dans la vase ou le sable, au bord des étangs ou des rivières. Il n'est pas de notre sujet de poursuivre l'histoire de ces larves, assez intéressante cependant.

Dans la famille des *Mouches*, la femelle avance sa vulve au dehors pour aller à la rencontre de l'organe mâle, placé dans l'intérieur du corps de l'Insecte. Elle dépose ensuite ses œufs dans les cadavres d'animaux ou dans les excréments, etc., selon les espèces ; et il sort de ces œufs des larves connues sous le nom d'*Asticots*, larves qui, quand elles sont arrivées à leur dernier degré d'accroissement, se retirent en terre ou sous quelque abri sec, pour opérer leur métamorphose.

6.

La Mouche dérive de l'état parfait de la larve ; une fois née, elle ne grandit plus.

CHAPITRE IV

Reproduction des Vertébrés.

Nous voici au quatrième Embranchement. Les sexes y sont toujours séparés ; c'est la Reproduction *ovipare* dans certains genres (Poissons, Reptiles, Oiseaux) ; la R. *vivipare* chez les Mammifères et quelques Reptiles.

A) *Poissons*. — Les organes reproducteurs de ces êtres aquatiques consistent, chez le mâle, en deux énormes glandes allongées, nommées *laites :* chez la femelle, deux sacs à peu près correspondants aux laites par la forme et les dimensions, et dans les replis desquels sont logés les œufs, dont la quantité est extraordinaire. Il n'y a pas d'accouplement, excepté dans quelques espèces : seulement on voit les mâles et les femelles passer et repasser les uns contre les autres et frotter ainsi leur ventre pour hâter la sortie des œufs et l'émission de la laite.

Ainsi qu'on le voit, la femelle abandonne ses œufs à la merci des eaux, au sein desquelles le mâle les féconde. Certaines espèces déposent dans un lieu choisi et abrité, un paquet d'œufs

couverts d'une humeur gluante ; les mâles cherchent et reconnaissent les œufs de leur espèce,
qu'ils arrosent de leur semence, pour les féconder, à l'exclusion des autres.

Il est un poisson, l'*Épinoche*, qui se fait un
véritable nid.

Fécondation artificielle des œufs des Poissons.
— Il suffit d'exprimer sur ces œufs la laite des
mâles, dans certaines conditions rendues favorables par l'art de la *Pisciculture*, qui a ses
règles particulières.

Quelques Poissons, en petit nombre, sont vivipares et peuvent opérer un accouplement
incomplet, sans qu'il y ait véritable intromission. Tels sont les Sélaciens (*Raies, Squales*).
La laite du mâle tombe dans les oviductes de
la femelle par une simple affriction. L'incubation des œufs s'opère dans ces organes jusqu'au
moment de l'éclosion, et les petits en sortent
vivants.

B) *Reptiles.* — Tous, à l'exception des Batraciens, opèrent un véritable accouplement. Mais
ces animaux, étant à sang froid, n'ont que de
froides amours, bien que la copulation soit
d'assez longue durée. Toutefois, les Lézards et
les Serpents font exception sous ce rapport,
comme nous le verrons tout à l'heure.

Chez les Reptiles les organes mâles sont rarement apparents au dehors. Ils ont généralement

de véritables testicules, situés le long de l'échine.
— Les ovaires sont volumineux ; deux oviductes
les font communiquer avec le cloaque. Dans
certains genres, une réelle intromission a lieu,
tandis qu'elle fait défaut dans d'autres.

Ces animaux déposent leurs œufs dans des
lieux abrités ; ils ne peuvent les couver, puisqu'ils ne développent point de chaleur. Les petits
sortent des œufs dans la forme qu'ils doivent
conserver toute leur vie, sauf les petits des
Batraciens et des Tortues.

Les Batraciens (*Crapauds*, *Grenouilles*) n'ont
point de verge, partant pas d'intromission. Toutefois, le mâle tient étroitement serrée la femelle
pendant qu'elle livre successivement aux émissions intermittentes de sa liqueur fécondante,
différentes portions du cordon ovarien qui sort
de son corps, et qui peut être considéré comme
une série d'embryons ou comme la chaîne de sa
nombreuse postérité.

Le Crapaud mâle, dans l'accouplement, a,
dit-on, les pouces déformés par des pelotes particulières très gonflées, au moyen desquelles il
se cramponne si fortement sur le dos de la
femelle qu'on peut lui couper la tête sans qu'il
lâche prise.

Chez les *Grenouilles*, le moment des amours
est annoncé par une verrue noire, papilleuse,
qui croît aux pieds de devant du mâle, en même

temps que le ventre se gonfle dans les deux sexes. Ceux-ci se tiennent embrassés pendant une quinzaine de jours ; l'acte se termine par la sortie du corps de la femelle d'un très grand nombre d'œufs, lesquels sont immédiatement arrosés de la liqueur prolifique du mâle.

L'*incubation* des œufs se fait sous l'influence de la chaleur ambiante ; les petits naissent au bout de quelques jours ; chez les Crapauds comme chez les Grenouilles, ils apparaissent sous la forme de *Têtards*, lesquels doivent se métamorphoser plus tard en animaux parfaits.

Les *Tortues* restent unies pendant plusieurs jours. Les femelles gardent assez longtemps les œufs dans leur oviducte. Ces œufs ont une coque assez solide ; la femelle les dépose dans des trous qu'elle creuse dans des lieux exposés aux rayons du soleil et les abandonne ainsi. Les petits qui en sortent sont loin de présenter la forme qu'ils doivent acquérir un jour ; leur carapace est toujours unie et de forme hémis-phérique.

Lézards.—Bien différents des autres reptiles, les Lézards sont très ardents en amour. Les mâles se livrent, au printemps, des combats acharnés pour la possession des femelles. La plupart ont deux pénis courts, cylindriques, hérissés d'épines ; le *Crocodile* n'en a qu'un seul. — Les femelles ont chacune deux ovaires, ordinairement plus étendus que ceux des oiseaux, chez qui les œufs prennent un accroissement très grand. Elles pondent 7 à 9 œufs à enveloppe plus ou moins dure, et elles les placent dans un trou, particulier à chaque pondeuse ; parfois cependant quelques espèces déposent leurs œufs dans un nid commun.

L'éclosion des œufs est confiée à la chaleur atmosphérique. Quelques Lézards sont *vivipares*, en ce sens que les petits sortent de l'œuf très peu de temps après la ponte.

C) *Serpents.* — Comme les Lézards, ces reptiles ont double pénis pour répondre aux deux ovaires de la femelle. L'accouplement est très long. Au bout de quelques semaines, la ponte des œufs, à coquille molle, a lieu ; et la mère les cache dans le sable, où ils éclosent par l'effet de la chaleur ambiante.

Il y a des espèces (*Vipères* et *Crotales*), dont les petits sortent du cloaque tout formés, l'éclosion des œufs ayant lieu dans le corps de la mère. Ce sont des *ovo-vivipares*.

Les *Serpents* et les *Lézards* font exception à la règle générale relativement à la froideur du sens génésique chez les Reptiles. On prétend, en effet, que ces animaux s'enlacent et se tiennent rapprochés par des nœuds réciproques, et même qu'ils se dardent des baisers et entrelacent leurs langues.

D) *Oiseaux.*—La génération ovipare peut être prise, comme type du genre, dans cette classe. Mais cela ne peut concerner que la constitution des œufs, car les organes de la fécondation sont loin d'offrir la même perfection. Les Oiseaux mâles, en effet, sont dépourvus de pénis : une sorte de *tubercule érectile* agissant par affriction en tient lieu. Pas d'intromission par conséquent. Il faut excepter toutefois l'*Autruche*, le *Canard*, l'*Oie*, etc., qui ont une verge assez volumineuse et exercent une copulation non douteuse.

« Les testicules, qui, dans l'Homme et dans la plupart des Quadrupèdes, sont à peu près les mêmes en tout temps, se flétrissent dans les Oiseaux et se trouvent pour ainsi dire réduits à rien après la saison des amours ; au retour de celle-ci ils renaissent, prennent une vie végétative et grossissent au delà de ce que semble permettre la proportion de corps. »

Les femelles ont des ovaires, communiquant avec le *cloaque*, sorte de poche ou vestibule qui se trouve à l'extrémité du canal intestinal et qui reçoit les orifices des voies génitales, urinaires et de défécation. — Nous avons vu qu'il existe un cloaque chez les Reptiles et la plupart des Poissons ; les Mammifères monotrêmes présentent également cette conformation.

L'acte génésique chez les Oiseaux est très court, mais souvent renouvelé. Les œufs sont revêtus au moment de la ponte d'une coque calcaire. La mère en opère l'incubation, en les couvant, et les petits éclosent au bout de 2 à 4 semaines.

Les Oiseaux sont généralement ardents en amour. Dans beaucoup d'espèces, comme Pigeons, Perroquets, etc., la jouissance est précédée de baisers et de tendres caresses.

La génération ovipare étant celle de l'immense majorité des animaux, particulièrement des Oiseaux, c'est le moment, ce nous semble, de parler de l'*Œuf*. Germes, ovules, œufs ont besoin pour produire un être nouveau de recevoir d'un organe spécial, l'influence propre à donner lieu à l'apparition d'un embryon. Dans l'oviparité, il y a les ovules, contenus dans les ovaires ; dans les ovules sont les germes, ceux-ci commencent à se développer en un assemblage de vésicules, appelées *vésicules de Graaf*, lesquelles forment, à leur tour, les ovules.

Chez les animaux autres que les Mammifères, il y a les organes nommés *oviductes*. Le mot en indique l'usage. A des époques plus ou moins rapprochées, qui correspondent au temps du rut ou de la menstruation (V. ces mots), les vésicules ovariques se rompent et laissent échapper l'ovule ; celui-ci est saisi par la trompe, qui est l'oviducte des Mammifères, et amené dans l'utérus. Ainsi, dans les Mammifères l'ovule se détache spontanément des capsules de Graaf, sans qu'il y ait nécessité d'un accouplement.

Un très petit nombre d'oiseaux possèdent l'organe *verge*. Celle de l'Autruche et du Canard n'est pas toujours percée d'un canal ; mais un sillon creux sert à conduire le fluide fécondant. D'autre part, il n'existe qu'un ovaire chez les Oiseaux femelles.

Mais revenons à l'œuf, et prenons pour type, à notre point de vue.

L'œuf pondu, composé : 1º de la coque ou coquille, formée en très grande partie de carbonates de chaux, de magnésie, de phosphate de chaux, etc.; plus d'une matière animale qui lie ces substances ; 2º de la pellicule qui revêt la surface interne de la coquille ; 3º des chalazes ou moyens d'union entre la membrane de la coque et le jaune ; 4º du blanc ou albumen, masse formée d'albumine ; 5º du jaune, masse globuleuse suspendue au milieu du blanc et pourvue d'une cavité centrale ; 6º de la cicatricule ou tache blanche adhérente à la surface du jaune.

Dans un grand nombre d'animaux, l'œuf se forme dans l'ovaire ; chez d'autres, dans l'oviducte, où il reçoit des additions successives qui finalement le présentent à l'état d'œuf parfait au moment de la ponte.

Incubation. — C'est le soin qu'ont les oiseaux

de se coucher sur leurs œufs pour leur communiquer la chaleur de leur propre corps, afin de faire développer les embryons qui y sont contenus. Tout œuf, pour être soumis à l'incubation réussie, doit avoir été préalablement fécondé par le mâle, qui place dans le germe le principe de vie.

La durée de l'incubation varie de 12 à 45 jours suivant les espèces (poule, 20 ; cane, 29 ; oie, 31 ; pigeon, 18 ; dinde, 32). L'Autruche abandonne ses œufs au sable ; les Reptiles agissent de la même manière. Pour certains Reptiles et Poissons vivipares, l'incubation s'accomplit dans l'intérieur du corps ; mais la plupart de ces derniers et des Batraciens déposent leurs œufs dans l'eau, laissant à la chaleur du soleil le soin de les faire éclore.

C'est encore à la chaleur solaire que sont confiés les œufs de la plupart des Insectes. Toutefois quelques espèces couvent et font éclore leurs œufs dans l'intérieur de leur corps. Il en est qui les déposent sur l'homme ou sur des animaux présentant une température suffisante ; quelques-uns les font même pénétrer sous la peau et dans l'intérieur de ces individus.

E) *Mammifères*. — Dans cette classe, qui est la plus élevée de la série, les organes générateurs sont aussi les plus perfectionnés. L'appareil est composé des mêmes parties que dans l'espèce humaine : il y a, par conséquent, toujours accouplement proprement dit pour l'acte de la fécondation.

Mais la copulation s'exerce chez ces animaux de différentes façons : Chacun sait comment s'accouplent la plupart des Quadrupèdes. L'Éléphant, malgré l'assertion de Buffon, n'agit pas différemment : seulement, vu la position de la vulve, la femelle ploie les jambes de devant pour rendre les approches du mâle plus faciles.

Les *Singes* se placent sur le dos, à peu près comme cela a lieu dans l'espèce humaine.

La *Baleine* se renverse aussi sur le dos et se trouve embrassée par le mâle. Mais, comme l'a dit Michelet, la solution est inconnue.

Les *Hérissons*, les *Porcs-épics* s'embrassent ventre contre ventre, se tenant droits à cause des piquants qui recouvrent leur dos.

Les *Castors*, à cause de leur queue qui met obstacle à toute autre attitude, se tiennent aussi tout droits.

Chez les *Chiens*, les *Loups*, les *Renards*, les *Hyènes*, il y a un os dans la verge. Mais, particularité plus remarquable, pendant l'acte copulateur le gland de la verge se gonfle beaucoup, en même temps que le vagin se resserre : de là un arrêt de coït, durant lequel le sperme est distillé goutte à goutte en quelque sorte, au lieu d'être dardé, circonstance qui tient à ce

que ces animaux manquent de vésicules séminales pour tenir en réserve le sperme.

Certains animaux sexués, ovipares, opèrent
la fécondation sans le concours direct ou indi-
rect d'individus mâles. C'est ce mode singulier
et exceptionnel de reproduction auquel on
donne le nom de *Parthénogénèse* (de *parthenos*,
vierge).

On savait depuis longtemps que les femelles
des *Pucerons* peuvent se reproduire de cette
manière. Mais les exceptions à la règle commune
ayant augmenté dans ces derniers temps, on
s'est mis à rechercher la cause de ce phénomène.

Or, Balbiani poursuivant cette investigation,
a constaté que la *vésicule germinative* de Purkinje n'est pas, comme on le supposait, la seule
partie qui joue le rôle essentiel dans la constitution de l'œuf non encore fécondé ; que chez
les animaux dont il s'est occupé, il existe toujours, dans l'intérieur de l'ovule en voie de développement, une autre cellule ou groupes de
cellules, qui semblent être aussi un foyer d'activité physiologique et avoir même des fonctions
plus importantes que celles remplies par la vésicule germinative.

« Observant ensuite avec beaucoup d'attention les changements qui se manifestent dans
l'intérieur de ces jeunes œufs, soit chez les

animaux parthénogénésiques, soit chez les femelles qui ne peuvent se reproduire qu'avec le concours du mâle, mais qui n'ont pas encore subi l'influence de celui-ci, Balbiani a trouvé qu'il y a toujours entre certains éléments primordiaux de l'ovule, d'origine différente, des phénomènes de conjugaison fort remarquables et offrant une ressemblance frappante avec les phénomènes de fécondation spermatique. Il a constaté aussi que cette sorte de fécondation primordiale des cellules génésiques est même une condition de développement de tout agent reproducteur, du développement de la matière spermatique chez le mâle, aussi bien que du développement de l'ovule produit par la femelle, et que, durant la première période du travail ayant pour objet la formation de nouveaux individus, les choses se passent à peu près de la même manière que chez les animaux de l'un et l'autre sexe.

« Dans le testicule ainsi que dans l'ovaire, il existe deux sortes de cellules : les unes libres et reconnaissables à leur volume, sont des ovules renfermant une vésicule de Purkinje ; les autres, plus petites, groupées autour de la précédente, et formant par leur réunion une espèce de capsule (ou loge), dont les parois offrent les caractères propres aux tissus épithéliques.

« Les choses restent dans cet état pendant le

7.

jeune âge ; mais, à l'époque où l'activité fonctionnelle de l'appareil génital se manifeste, des
rapprochements, des soudures, des conjugaisons
s'opèrent entre les ovules ou cellules centrales
et les cellules périphériques ou pariétales ; le
mode de groupement de ces parties élémentaires
varie suivant la nature du produit à obtenir,
lequel est un ovule femelle renfermant un germe
apte à devenir embryon, ou bien une vésicule
spermogène, un œuf mâle destiné à fournir des
spermatozoïdes, suivant que le travail physiologique a principalement son siège dans les cellules pariétales ou immédiatement autour de la
cellule centrale.

« Dans le testicule ou dans la glande hermaphrodite, là où les spermatozoïdes doivent
naître, les cellules pariétales qui entourent la
cellule ovulaire en voie de développement se
multiplient très rapidement et constituent, autour de chacune de ces cellules centrales, une
couche capsulaire qui s'accroit en même temps
que la partie incluse. Celle-ci, c'est-à-dire
l'ovule primordiale, bourgeonne en grandissant,
et émet par ce moyen une nouvelle génération
de cellules secondaires qui sont disposées ra-
diairement et s'avancent vers la couche péri-
phérique ; puis chacune de ces cellules secondaires se soude à la cellule pariétale qui lui fait
face, et il se forme ainsi un grand nombre de

couples de cellules conjuguées, composées chacune de deux éléments génésiques distincts par leur origine. Or, chacun de ces couples devient alors le foyer d'un travail plus actif : la cellule pariétale ou épithélique, en bourgeonnant, donne naissance à un nombre variable de cellules pédonculées, qui se multiplient à leur tour par scissiparité (ou division spontanée) et donnent ainsi naissance à une seconde génération de cellules dont chacune, en se développant, devient un animalcule spermatique. Les petits êtres filiformes ainsi produits adhèrent d'abord à la cellule mère par leur extrémité céphalique; mais, pendant que leur développement s'achève, cette cellule centrale, comparable à une vésicule purkinjienne, disparaît complètement, et les spermatozoïdes devenus libres se mettent à nager dans le liquide ambiant.

« Chez les Pucerons, toute cette portion du travail organisateur de l'embryon s'effectue de la même manière chez les individus fécondés et chez les individus parthénogénésiques; toujours il y a, dans le principe, conjugaison de cellules hétérogènes, phénomène fort analogue à la fécondation qui s'opère chez les Plantes par suite du contact de la matière pollinique avec le tissu utriculaire né dans l'ovaire.

La différence entre la parthénogénèse et la génération ordinaire ne dépendrait donc que d'une inégalité dans le degré de puissance de l'agent fécondant primordial; la cellule pariétale, lors de sa conjugaison avec l'ovule primitif, exercerait sur celui-ci une action analogue à celle du spermatozoïde sur le germe et que, suivant le degré d'intensité de cette influence, le mouvement organisateur persiste ou s'arrête avant l'apparition de l'embryon, de même que chez les Animaux à reproduction dioïque le développement de l'embryon s'achève ou s'arrête en route, après la fécondation spermatique, suivant la quantité de matière fécondante employée. ».

Génération alternante.

Certains animaux, au lieu de mettre au jour une progéniture réalisant tous les caractères des individus d'où ils proviennent, donnent naissance à une série de générations dont chacune diffère de la précédente, pour revenir au type primitif après plusieurs évolutions.

« Dans le cas des *Méduses* propres, dit Agassiz, le parent pond des œufs d'où sortent des individus qui ressemblent à des Polypes. Ceux-ci ne tardent pas à se diviser, par une série d'étranglements en travers, en un certain nombre de disques qui, après plusieurs changements successifs, finissent par former autant d'individus nouveaux, identiques avec les parents sexués, mâles ou femelles, et capables à leur tour de donner des œufs. Toutefois, les individus polypiformes nés d'un œuf peuvent encore se multiplier par des bourgeons chez lesquels s'opèrent les transformations qu'on vient de décrire. La souche elle-même ne meurt point et peut, elle aussi, se développer et passer par la répétition des mêmes phases. »

Dans la *Métamorphose*, en effet (V. p. 31), l'être sorti de l'œuf subit, l'une après l'autre, directement, toutes les transformations par lesquelles il doit passer avant d'arriver à sa forme définitive. Quel que soit l'individu, dans une espèce, il passera toujours par la même succession d'états.

Dans la *Génération alternante*, au contraire, l'animal né de l'œuf, au lieu de revêtir, après des changements successifs, les caractères de son auteur, produit par bourgeonnement soit interne, soit externe ou par scission, un certain nombre d'individus complètement différents de lui-même.

Fécondation artificielle.

Vers la fin du siècle dernier, Spallanzani, reprenant l'idée conçue par Swammerdam et Rosel, de tenter la fécondation artificielle, et plus heureux qu'eux, réussit et parvint à féconder artificiellement des amphibies, des ovipares et même des vivipares.

Spallanzani déroba au Crapaud terrestre une petite portion de liqueur séminale et s'en servit pour féconder, avec un pinceau humecté de cette liqueur, plusieurs germes ou œufs entièrement nus qu'il avait préalablement arrachés du corps d'un Crapaud femelle de la même espèce. Cette imprégnation artificielle fut suivie de fécondation.

Le même expérimentateur obtint pareil résultat dans différentes circonstances, hors de l'animal, dans l'oviducte, avec le sperme récent et gardé pendant quelques jours mélangé avec le sang, l'urine, la bile, ou dissous dans une grande quantité d'eau. Trois grains de semence ont suffi pour spermatiser une livre d'eau avec laquelle Spallanzani parvint alors à féconder presque toute la nombreuse postérité contenue dans les cordons qu'il avait arrachés du corps de la femelle. (*Dict. de méd.* en 60 vol.)

Mais ce qui fit le plus de bruit et causa le plus grand étonnement, ce fut la fécondation artificielle d'une Chienne. Le plus difficile, peut-être, était d'obtenir du sperme du mâle. Spallanzani y parvint; il en injecta dix-neuf grains dans l'utérus de la femelle en rut au moyen d'une petite seringue. La Chienne fut fécondée

et mit bas trois petits chiens au terme ordinaire
de la gestation.

Cette expérience remplit d'étonnement Rossi,
qui écrivit aussitôt à son ami : « Je ne sais
même si ce que vous venez de découvrir n'aura
pas quelque jour dans l'espèce humaine des
applications auxquelles nous ne songions·point
et dont les suites ne sont pas légères. »

Cette prévision s'est réalisée : des tentatives
ont été faites par Dehaut, Sims, Girault, qui
seraient parvenus à féconder la Femme artificiellement.

Ne savons-nous pas qu'on peut produire artificiellement la fécondation, dans les Végétaux,
en répandant la poussière pollinique sur les
ovaires; chez les Poissons, en répandant la
laite du mâle sur les œufs, etc.

Génération dite spontanée.

Une génération d'êtres animés, si infimes
qu'ils soient, sans le concours de parents, et
qui soit due à la seule force de la matière placée
dans certaines conditions d'humidité, de fermentation, de chaleur, n'a jamais existé. (Pasteur.)

Les anciens admettaient la *Génération spontanée*, car, disaient-ils, des Grenouilles, des
Crapauds, des Sauterelles, etc., sortent de terre
tout formés et sans concours de germes préa-

lables ; des insectes se forment de toutes pièces dans la viande en putréfaction, etc., ces croyances erronées se sont propagées de siècle en siècle jusqu'en 1600.

Si des êtres vivants ont pu naître de la matière sans germes ni œufs préexistants, ce ne sont que ces infiniment petits, *monades, vibrions, bactéries*, qui ne sont visibles qu'au microscope grossissant cinq à six cents fois. Encore n'est-ce là qu'une supposition. Les expériences de Pasteur en démontrent la fausseté.

Déjà, en 1638, Redi avait annoncé que les vers qui naissent dans les chairs y sont produits par des mouches. Buffon admit les idées de Noedham, qui professait que si la putréfaction n'engendre point d'insectes, elle donne naissance à des myriades d'animaux microscopiques.

Mais Spallanzani soutint, au contraire, que les animalcules microscopiques qui fourmillent dans les matières organiques putréfiées proviennent de l'éclosion de germes qui flottent dans l'air en quantité innombrable. (C'est la *panspermie*.)

Cette dernière opinion est celle que soutient Pasteur. Ses expériences nombreuses, variées à l'infini, conduites avec un soin extrême pour éviter toute cause d'erreur, lui ont donné une sorte de consécration.

Son premier mémoire, lu le 6 février 1861 à l'Académie des sciences, produisit une grande impression. En voici le résumé :

« Au moyen d'un aspirateur à eau marchant d'une manière continue, on fait passer de l'air dans un tube où se trouve placée une petite bourre de coton-poudre ; le coton arrête une partie des corpuscules solides tenus en suspension dans l'air. En dissolvant ensuite ce coton dans un mélange d'alcool et d'éther, et laissant reposer le liquide pendant vingt-quatre heures, toutes les poussières se rassemblent au fond du tube, où il est facile de les laver par décantation. On fait alors tomber les poussières dans un verre de montre, où le reste du liquide s'évapore promptement. Les poussières ainsi recueillies peuvent être facilement examinées au microscope et soumises aux divers réactifs.

« En opérant de cette manière, Pasteur a reconnu qu'il y a constamment dans l'air, en quantités variables, des corpuscules dont la forme et la structure annoncent qu'ils sont organisés.

« A ces corpuscules aériens arrêtés au passage et bientôt rendus libres par l'ingénieux procédé imaginé par Pasteur, faut-il attribuer l'origine des infusoires et des productions végétales que Pouchet rapporte à une génération spontanée? La méthode suivie par Pasteur pour résoudre cette question consiste à mettre les poussières aériennes ainsi isolées en présence d'une liqueur appropriée, c'est-à-dire dans l'eau contenant de l'albumine et du sucre, et à maintenir le tout dans une atmosphère inactive, stérile. On voit ainsi apparaître, au bout de vingt-quatre ou trente-six heures, des productions organiques diverses, le *bacterium termo* et plusieurs mucédinées, celles-là même que fournirait la liqueur après le même temps, si elle était librement exposée à l'air libre.

« Une autre méthode d'expérience suivie par Pasteur confirme et agrandit ce premier résultat. On prend un certain nombre de ballons dans lesquels on introduit le même liquide fermentescible, en même quantité. On étire leurs cols à la lampe en les recourbant de diverses manières, mais on les laisse tous ouverts, avec une ouverture de 1 à 2 millimètres carrés de surface ou davantage. On fait bouillir le liquide pendant quelques minutes dans le plus grand nombre de ces ballons. On n'en laisse que trois ou quatre que l'on ne porte pas à l'ébullition. Puis on abandonne tous ces ballons dans un lieu où l'air soit calme.

« Après vingt-quatre ou quarante-huit heures, suivant la température, le liquide des ballons, qui n'a subi aucune ébullition, se trouble et se couvre peu à peu de moisissures diverses. Le liquide des autres ballons reste limpide, non pas seulement quelques jours, mais durant des mois entiers. Cependant tous les ballons sont ouverts; sans nul doute ce sont les sinuosités et les inclinaisons de leurs cols qui garantissent leur liquide de la chute des germes. L'air, il est vrai, est entré brusquement à l'origine, mais pendant toute la durée de sa rentrée brusque le liquide, très chaud et lent à se refroidir, faisait périr les germes apportés par l'air, puis quand le liquide est revenu à une température assez basse pour rendre possible le développement de ces germes, l'air rentrant très lentement laissait tomber ces poussières à l'ouverture du col, ou les déposait en route sur les parois intérieures diversement infléchies. Aussi, quand on vient à détacher le col de l'un des ballons par un trait de lime et à placer verticalement la portion restante, on voit après un jour ou deux, le liquide donner des moisissures ou se remplir de *bacterium*. »

La question ne paraissait cependant pas définitivement jugée pour tout le monde. Pouchet, Musset, Joly, Frémy, Trecul, Onimus ont essayé de battre en brèche la doctrine panspermiste de Pasteur, d'après laquelle non seulement les animaux les plus infimes mais encore les végétations les plus simples, comme les moisissures, la levure, etc., ne se développent pas dans l'air absolument pur, c'est-à-dire privé de ses poussières. Ainsi, suivant Pasteur, *les poussières de l'air contiennent tous les germes des proto-organismes;* bien plus; ces germes sont autonomes, ils ne se transforment pas et conservent leurs caractères propres.

Les partisans de la Génération spontanée (les *Hétérogénistes*) opposent aux *Panspermistes* une conclusion finale qui est comme une sorte de compromis : « La genèse primaire, dite spontanée, disent-ils, suit les mêmes procédés que la génération normale. Différente à tous égards des opinions erronées des anciens et des modernes, leurs imitateurs, elle ne produit en aucune façon des organismes de toute pièce, mais seulement des ovules spontanés qui, sous l'empire de forces analogues à celles qui président aux phénomènes de l'ovulation dans la matrice, se développent dans la membrane proligère, laquelle est analogue à la pellicule qui se forme à la surface des infusions. »

Suivant Béchamp, ce que l'on appelle communément *microbes* sont des *microzoaires* (petits animaux, suivant l'étymologie), répandus partout et qui n'attendent pour évoluer que des conditions favorables; or voilà ce qui explique la rapide apparition d'êtres inférieurs dans les liquides abandonnés à l'air. Ils sont la forme vivante réduite à sa plus simple expression, ayant la vie en soi, sans laquelle la vie ne se manifeste nulle part. Ces organes microscopiques, ajoute Béchamp, ne périssent pas avec l'être qui les porte, ils se transforment en microbes et deviennent les agents de la fermentation putride.

Mais d'où viennent les microbes eux-mêmes, quelle est leur origine? Pour répondre à cette question, il faut pouvoir remonter à l'origine des choses.

TROISIÈME PARTIE

FONCTIONS DE REPRODUCTION CHEZ L'HOMME ET CHEZ LA FEMME

Organes génitaux de l'homme. — Organes génitaux de la femme. — Circoncision. — Infibulation. — Castration. — Culte du phallus. — Superstitions. — Fécondité. — Nubilité. — Puberté. — Consanguinité. — Hérédité. — Fécondation. — Son Mécanisme. — Rôle de chaque conjoint. — Fécondation artificielle. — Superfétation. — Mégalanthropogénésie.

Nous abordons la plus délicate partie de notre œuvre. L'intérêt qui s'attache à ce sujet nous oblige à étudier d'une façon toute spéciale, et plus complètement que nous ne l'avons fait pour les autres espèces, l'appareil génital de l'Homme et celui de la Femme. Comment pourrions-nous comprendre le mécanisme de fonctions aussi complexes que celles qui président à la production de l'être humain, si nous ne connaissions les organes qui les exécutent?

Afin de mettre de l'ordre et de la clarté dans les nombreuses questions que nous allons examiner, nous diviserons notre sujet en quatre chapitres intitulés : Description et rôle des organes génitaux de l'Homme; — Description et rôle des organes génitaux de la Femme; — Phénomènes intimes de la Fécondation; — Circonstances favorables ou défavorables à la fécondation.

CHAPITRE I

Organes génitaux de l'Homme.

Envisagés dans leur ensemble, au double point de vue anatomique et physiologique, les organes sexuels de l'Homme constituent un véritable apparail de sécrétion; car ils offrent deux glandes qui sécrètent un liquide particulier, deux réservoirs et des canaux d'excrétion.

S'il ne s'agissait, dans ce travail, que de la Fécondation en général, une étude rapide, superficielle, des divers instruments de la fonction nous suffirait; mais comme nous devons chercher à connaitre les causes de l'Impuissance et de la Stérilité (V. ces mots), nous sommes par cela même obligés d'étudier assez complètement l'appareil en question.

Nous décrirons donc chaque partie qui entre dans la composition dudit appareil; elles comprennent : le Scrotum, les Testicules, le Cordon spermatique, les Vésicules séminales, les Conduits éjaculatoires, la Prostate et la Verge. Leur description sera suivie de l'examen du Sperme, produit sécrété par les glandes testiculaires (1).

A) *Scrotum.* — Ce mot, qui signifie *bourse*, désigne cette espèce de poche où sont contenus les deux testicules, séparés l'un de l'autre par une cloison médiane. Des membranes superposées en constituent les parois très rétractiles, comme non moins flasques dans d'autres cas.

B) *Testicules.* — Organes essentiels, caractéristiques du sexe masculin ; ils se présentent sous la forme de deux corps glanduleux, ovoïdes, logés dans le scrotum et suspendus chacun par le cordon spermatique, ci-après signalé. Ils ont pour fonction de sécréter la liqueur fécondante connue sous le nom de *sperme*.

Les anatomistes distinguent dans le Testi-

---

(1) Le lecteur étranger aux connaissances anatomiques doit être averti que notre étude ne peut être ici que superficielle ; mais elle suffit pour l'intelligence des actes physiologiques. Il peut se reporter d'ailleurs à la planche 3, fig. 2, et à la légende qui l'accompagne.

cule : 1° le *corps*, constitué par un tissu mou, formé d'une masse de filaments très ténus, flexueux, qui sont considérés comme des conduits séminifères ; — 2° l'*épididyme*, corps petit, allongé, oblong, vermiforme, couché le long du bord supérieur du testicule, et auquel aboutissent les *conduits séminifères* qui, doués d'une finesse extrême, se résument en un seul conduit, le Canal déférent, dont suit ci-après la description.

C) *Cordon spermatique*. — Partant de la petite extrémité ou *queue* de l'épididyme, il remonte vers le canal inguinal, et pénètre dans l'abdomen. Plusieurs éléments : artères, veines, vaisseaux lymphatiques, tissu cellulaire entrent dans sa composition.

Mais la plus importante de ses parties composantes est le *Canal déférent*, conduit par lequel le fluide spermatique se dirige vers son réservoir, la vésicule séminale.

Au moment où le cordon spermatique pénètre dans l'abdomen, toutes ses parties composantes s'éparpillent, suivant leur origine ou leur destination particulières, tandis que le Canal déférent se dirige en arrière, en bas et en dedans, sur les côtés de la vessie, où il reçoit le conduit de la vésicule séminale qui lui correspond, ainsi qu'il y a deux testicules, il y a deux cordons, deux canaux déférents et deux vésicules séminales.

D) *Vésicules séminales*. — Petites poches membraneuses, de forme conoïde aplatie, bosselées à leur surface, et situées obliquement, une de chaque côté de la vessie, à sa partie inférieure et postérieure, en dehors du canal déférent correspondant. Ces espèces de poches sont les réservoirs destinés à tenir provision de sperme. (V. pl. I, fig. 1.)

E) *Conduits éjaculateurs*. — De l'extrémité antérieure de chaque vésicule séminale part un très petit et court conduit qui s'ouvre dans le canal déférent; de cet abouchement résulte le *Conduit éjaculateur*, long de 2 à 3 centimètres. Les deux Conduits éjaculateurs, de la longueur de 2 centimètres environ, marchent parallèlement en avant, dans l'épaisseur de la prostate et s'accolent l'un à l'autre pour s'ouvrir dans l'urètre par un orifice oblong sur les côtés du *verumontanum*. (V. *Urètre*.)

F) *Prostate*. — Corps charnu, glanduleux, du volume d'une noix environ, unique et symétrique, qui embrasse le col de la vessie et l'origine du canal de l'urètre. Sa forme est celle d'un prisme losangique, dont la grosse extrémité regarde en arrière et le sommet en avant. Son tissu, dur, friable, est formé d'un assemblage de granulations réunies en lobules d'où naissent de touts petits conduits qui s'ouvrent dans la partie postérieure et inférieure du canal urétral, lequel traverse la glande à sa face supérieure.

Dans l'épaisseur de son tissu, la Prostate livre passage aux canaux ou conduits éjaculateurs, ci-dessus méntionnés, lesquels sont chargés de diriger le sperme dans l'urètre au moment de l'éjaculation.

G) La *Verge* ou *Pénis*, *Membre viril*, est cet organe cylindroïde qui, mou et pendant dans l'état de repos, se redresse, grossit et durcit sous certaines influences morales et physiques. Cette propriété de changer de consistance et de forme est due à ce qu'il est formé en grande partie par un tissu spongieux, érectile. Ce tissu présente deux parties, appelées *Corps caverneux;* elles prennent naissance à la face interne des tubérosités de l'ischion, s'unissent sous la symphise pubienne et vont se confondre dans le *gland*, espèce de cóne, également érectile, placé à l'extrémité de la verge, et l'embrassant par sa base. (V. pl. I, fig. 1 et légende.)

H) *Urètre.* — Les corps caverneux sont séparés l'un de l'autre par une membrane médiane (cloison), qui règne dans toute la longueur de la verge, sauf le gland. Au bord inférieur de cette membrane règne le *Canal de l'urètre*, lequel prenant son point de départ à la vessie, s'étend jusqu'à l'extrémité du gland.

Le canal urétral présente deux portions qu'il

faut distinguer : l'une, en avant, mobile, suit les mouvements de la verge ; l'autre, en arrière, plus fixe, à concavité regardant en haut, comme pour se mouler sur la convexité de la symphyse du pubis.

La première est appelée *portion spongieuse ;* elle est logée, comme il vient d'être dit, dans la gouttière des corps caverneux occupant la face inférieure de la verge, où elle se montre presque sous-cutanée ; son extrémité antérieure est nommée *méat* urinaire : c'est le point le moins dilatable de l'urètre ; immédiatement derrière le méat est la *fosse naviculaire*, courte portion du canal, susceptible de dilatation.

Quant à la portion sous-pubienne de l'urètre, elle se compose de la *portion membraneuse*, laquelle est très étroite et peu dilatable ; plus en arrière est la *portion prostatique*, celle du canal qui traverse la prostate. Sur la paroi inférieure de celle-ci est une sorte de crête muqueuse, appelée *verumontanum*, sur les côtés de laquelle s'ouvrent les conduits éjaculateurs précédemment décrits, ainsi que les conduits des *glandules* prostatiques et, plus en avant, ceux des *glandes de Cowper*, lesquelles fournissent des humeurs au moment de l'orgasme vénérien.

La Verge est recouverte d'une peau fine. Collée aux corps caverneux, cette peau devient

9

libre en avant pour former le *prépuce*, lequel, très mobile, recouvre et découvre le *gland*, selon les circonstances. Le prépuce est tapissé sur sa face interne par une membrane muqueuse qui se réfléchit en arrière sur le gland, présentant là, derrière la *couronne*, des follicules qui fournissent une humeur très odorante; il est fixé à son extrémité antérieure et inférieure par un court repli de la muqueuse qu'on nomme *frein*.

Certains muscles appartenant à la verge jouent un rôle très important dans l'acte de l'éjaculation spermatique. Nous aurons à les faire connaître.

I) *Sperme* ou *semence*, *fluide séminal*, *fluide prolifique*, etc. — Liquide épais, filant, d'une couleur blanchâtre, plus pesant que l'eau, d'une odeur *sui generis*, sécrété par les testicules.

Le Sperme est composé, d'après Vauquelin, de : eau, 900; mucilage animal, 60; soude, 10; phosphate de chaux, 30; il est légèrement alcalin. Examiné au microscope, il présente une partie fluide, des globules analogues aux globules muqueux, des granules élémentaires, et par-dessus tout des corpuscules filiformes, doués de mouvement, auxquels on a donné les noms de *Spermatozoïdes*, ou d'*Animalcules spermatiques*, *Zoospermes*.

Les Spermatozoïdes ont été découverts en 1677

par un étudiant allemand. Leuwenhoeck en fit
le sujet d'études suivies. Ces êtres microscopiques présentent une partie renflée appelée
tête, terminée par un filament désigné sous le
nom de *queue*. Il existe des Zoospermes dans
le fluide séminal de tous les animaux; ils diffèrent dans chaque genre, mais sont toujours
identiques chez les individus de même espèce.
Ils manquent ou sont mal formés chez les métis
et les mulets.

L'animalité des Spermatozoïdes est très contestée; on croit généralement que ces êtres
singuliers ne sont que de simples cellules em-
bryonnaires, douées de mouvement, sans vie
proprement dite. — S'ils étaient de véritables
animaux, ils devraient fournir un argument
puissant en faveur de la Génération spontanée.
(V. ce mot.)

Les Animalcules spermatiques sont plus ou
moins nombreux, doués de plus ou moins
d'énergie et de densité; ils peuvent manquer
complètement chez certains malades. D'après
Duplay, la sécrétion spermatique s'effectue
encore chez les vieillards de 86 ans, et on y
trouve des Spermatozoïdes. D'après Gosselin,
le nombre de ces êtres va en augmentant depuis le testicule et l'épididyme, où ils sont
rares, jusqu'aux vésicules séminales, où ils
deviennent nombreux. Ils se formeraient donc,

non dans les testicules, mais postérieurement à la sécrétion du sperme, ce qui ne se conçoit guère. Mais la chose est possible, puisque chez les animaux, le Chien, par exemple, les Zoospermes ne se montrent qu'au moment du rut.

Le Dr Girault prétend, d'après ses recherches, que dans la jeunesse de l'Homme les Spermatozoïdes ont la partie antérieure ou tête mince et allongée, et que la partie postérieure ou queue est longue et se distingue très bien. Mais, chez l'Homme, passé 55 ans, la tête grossit et la queue se raccourcit; puis vient une époque où ces espèces de têtards n'ont plus de queue : la tête a alors tout envahi. Il leur reste bien encore des mouvements, comme des sortes de battements du cœur; mais la progression est devenue impossible. On peut expliquer par là, ajoute Girault, pourquoi l'Homme âgé, quoique pouvant encore opérer l'acte de la copulation, procrée rarement des enfants, le principe animé qui doit féconder l'ovule n'ayant plus la faculté de se diriger jusqu'à l'ovaire.

CHAPITRE II

Organes génitaux de la Femme.

Quoique d'une organisation plus simple que celle de l'Homme, l'appareil génital de la Femme peut être considéré comme appareil de sécrétion. En effet, il présente deux glandes (Ovaires), des canaux déférents (Trompes), un réservoir (Matrice) et un canal d'excrétion (Vagin).

En procédant de l'extérieur à l'intérieur, nous rencontrons les sujets d'études suivants : Vulve, Vagin, Utérus, Trompes de Fallope, Ovaires. (V. pl. I, fig. 2.)

La Menstruation, fonction physiologique, terminera ce chapitre.

A) *Vulve.* — On désigne par ce mot les parties extérieures de l'appareil génital de la femme. Celles de ces parties qu'il nous importe de connaitre, sont : 1° les *Grandes lèvres*, deux replis membraneux qui s'unissent, en bas et en arrière à 3 ou 4 centimètres de l'anus ; 2° les *Petites lèvres* ou *nymphes*, deux replis plus profondément situés, beaucoup plus petits, formés par la muqueuse des grandes lèvres, à la face interne desquelles ils se terminent en s'y confondant ; 3° le *Clitoris*, tubercule allongé ayant un peu la forme de la verge, recouvert par une sorte de *prépuce*, susceptible comme elle d'érection ; il est petit, sans canal intérieur, et situé entre les petites lèvres à leur naissance ; 4° immédiatement au-dessous du Clitoris est l'*Orifice de l'urètre ;* 5° plus en-dessous et en arrière, l'*Entrée du vagin*, organe important, qu'il faut décrire.

9.

B) *Vagin*. — Canal membraneux, long de 11 à 12 centimètres, commençant à la vulve et se terminant à l'utérus, dont il embrasse le col. Ce canal est situé entre la vessie et le rectum, dirigé de bas en haut et obliquement d'avant en arrière dans l'excavation du sacrum. Son ouverture externe est fermée, chez les vierges, par une membrane, appelée *Hymen* (v. ci-après), dans laquelle se trouve ménagé un pertuis pour donner une issue au sang menstruel.

Le canal vaginal, d'un diamètre plus grand en haut qu'en bas, est très dilatable; à son entrée ses parois sont formées par une couche musculaire, appelée *Muscle constricteur du vagin*. Une membrane muqueuse à rides transversales nombreuses et parsemée de glandules ou bulbes sécrétoires tapisse sa face interne.

Le Vagin donne issue au sang menstruel; il reçoit le membre viril dans l'acte copulateur, et procure un large passage au produit de la conception, grâce à sa grande faculté de dilatation.

C) L'*Hymen* est une membrane mince, un repli de la muqueuse vaginale, semi-lunaire, bordant l'orifice externe du vagin, avant la défloration. Il se rencontre quelquefois, suivant Cuvier, chez les mammifères.

L'hymen, chez les vierges, offre souvent des irrégularités, qui ont donné lieu à bien des controverses, relativement au témoignage qu'il peut fournir en faveur ou contre la *Virginité*. Si cette membrane est facile à déchirer, parfois, au contraire, elle est très résistante, au point même de mettre obstacle à l'accouchement. Cas rare, d'ailleurs, et qui prouve que l'hymen n'empêche pas le congrès, ou du moins que la fécondation peut s'opérer, lui présent.

L'hymen rompu, c'est la *défloration*. Elle peut être volontaire, accidentelle, forcée (cas de viol) ; mais ce sont là des questions de médecine légale étrangères à notre sujet. Les Romains croyaient que le cou grossissait lors de la défloration : ils avaient soin en conséquence de mesurer cette partie avant la consommation du mariage. Si la mesure se trouvait plus courte le lendemain, la joie était grande, la virginité était prouvée.

La défloration cause ordinairement une déchirure qui répand une petite quantité de sang. Or, la jeune épouse qui ne fournissait pas cette preuve palpable de sa virginité était renvoyée honteusement chez ses parents. On devine déjà qu'il était facile de recourir à un stratagème consistant dans l'introduction d'une capsule remplie de sang et qui, à la première approche, ne manquait point de se rompre.

D'ailleurs, ne sait-on pas que les attouchements, les flueurs blanches, les pratiques de l'onanisme, etc., suffisent à faire perdre le caractère physique de la virginité à des jeunes filles, qui cependant possèdent celle-ci en réalité.

Et dire que la superstition a porté certains peuples à céder les prémices des vierges aux prêtres de leurs idoles, ou à en faire un espèce de sacrifice à l'idole même. Lorsque le roi, dans l'Indoustan, se marie, il donne cinq cents écus à celui des prêtres qu'il juge à propos pour passer la première nuit avec sa femme. A Goa, les vierges sont prostituées, de gré ou de force, par leurs plus proches parents, à une idole du feu, etc., etc... (L'abbé Groyon, *Histoire des Indes orientales*). Au contraire, les Romains avaient un tel respect pour les vierges qu'on ne les faisait pas mourir sans leur avoir ôté auparavant leur virginité : le bourreau viola la fille de Séjan dans sa prison avant de l'étrangler (*Dictionnaire encyclopédique*).

D) *Utérus* ou *Matrice*. — Organe musculeux, creux, ayant la forme d'une poire renversée et un peu aplatie d'avant en arrière, situé à l'extrémité supérieure du vagin, entre la vessie et le rectum. Sa grosse extrémité est dirigée en haut (*Corps de l'utérus*) arrondie, recouverte par l'intestin grêle et par le péritoine, dont deux replis forment les *Ligaments larges*, qui fixent l'organe sur les côtés du bassin.

La partie inférieure (*Col de l'utérus*) est embrassée par le vagin, dans la cavité duquel elle s'avance d'une longueur de 2 à 3 centimètres. Le *col* fait ainsi saillie dans le vagin, il présente une fente transversale, connue sous le nom de *Museau de la Tanche*, qui est l'ouverture ou entrée de la matrice. (V. pl. I, fig. 2 et légende.)

Outre les ligaments larges précités, l'Utérus est maintenu en position par deux autres replis du péritoine (*Ligaments ronds*), sortes de cordons blanchâtres qui, partant des côtés de l'organe, se dirigent vers le canal inguinal, qu'ils traversent pour s'épanouir dans les tissus environnants.

La Matrice est composée de fibres musculaires très serrées, les unes longitudinales, les autres obliques et circulaires. Dans le repos, sa cavité, très petite, est tapissée par une membrane muqueuse très fine. A la partie supérieure et sur les côtés sont les orifices des trompes, dont voici la description :

Ovaires et *trompes de Fallope*. — Bien que la marche que nous avons adoptée prescrive de placer les Trompes avant les Ovaires, il est préférable, pour l'intelligence du sujet, de procéder à leur étude simultanée.

Les *Ovaires* sont deux organes glandulaires dans lesquels se forment les œufs ou ovules. Ils se présentent comme deux petits corps oblongs, allongés, ridés à leur surface, placés horizontalement à la partie supérieure du bassin, un de chaque côté de l'utérus, auquel ils sont fixés par un cordon fibroséreux, *Ligament de l'ovaire;* par leur autre extrémité ou extrémité externe, ils répondent au Pavillon de la trompe, à la frange inférieure de laquelle cette extrémité est attachée.

E) La *Trompe de Fallope* est l'oviducte de l'ovaire, séparée de celui-ci par la partie supérieure du ligament large ; elle est d'une longueur d'environ 10 à 12 centimètres ; droite dans sa moitié interne, flexueuse dans l'autre moitié, qui va s'élargissant. Chaque Trompe se dirige des angles de l'utérus à l'ovaire correspondant, se terminant là par une extrémité évasée et frangée, qui est le *Pavillon de la trompe*, déjà mentionné. Ordinairement, parmi les franges ou languettes flottantes du pavillon, il en est une ou deux plus longues qui adhèrent à l'Ovaire. Le canal de la Trompe est très étroit, caché dans la duplicature du ligament large.

Les Ovaires contiennent un grand nombre de petits sacs membraneux, de volumes divers, appelés *Vésicules de Graaf* ou *Ovariques*. Au centre de ces vésicules est un corps extrêmement petit, microscopique en quelque sorte, qu'on nomme *Ovule*. C'est ce petit corps, l'Ovule, qui donne naissance à l'embryon après la fécondation. Dès qu'il est fécondé, l'Ovule chemine vers l'Utérus, en parcourant la Trompe de Fallope.

F) *Menstruation*. — La Menstruation est aux ovaires ce qu'est la Sécrétion spermatique aux testicules.

Comme nous avons parlé du sperme, en nous occupant des organes génitaux de l'Homme, nous devrions examiner ici ce qui a rapport au *Flux menstruel*; mais c'est là un sujet très complexe, dont la place sera mieux marquée au chapitre des fonctions génitales de la Femme.

CHAPITRE III

Mutilations, Superstitions.

Certaines opérations contre nature ont été pratiquées sur les organes génitaux et le sont encore, peut-être, pour l'une d'elles tout au moins.

A) *Circoncision*. — Elle consiste à retrancher une partie du prépuce au membre viril dans un but de propreté. Moïse est le premier législateur qui ordonna cette opération. Elle est encore en honneur dans la loi de Mahomet, chez les Musulmans, pour lesquels elle est comme une sorte de baptême.

Bon nombre de peuplades africaines pratiquent sur les femmes une opération qui consiste à enlever un prolongement des petites lèvres qui atteignent quelquefois un développement hideux.

B) *Infibulation* (de *fibula*, boucle). — Cette pratique plus singulière que barbare, consistait à insérer aux grandes lèvres de la Femme, à l'extrémité du prépuce chez les Hommes un anneau métallique fermé à clé, dans le but soit de conserver la virginité ou de rendre impossibles les rapports sexuels, soit de prévenir l'énervation des mâles par des jouissances prématurées, ou enfin de conserver aux chanteurs leurs voix, aux histrions leurs jarrets, aux gladiateurs leur énergie et leur courage par la privation des plaisirs, etc.

Il paraît que quelquefois l'anneau était rompu, sans doute intentionnellement, car Juvénal dit qu'il fallait ramener celui qui le portait chez le boucleur :

Et cujus refibulavit turgidum faber penem.

Certaines sectes religieuses, dit Virey, qui se condamnent à une virginité perpétuelle, chargent leur prépuce d'un énorme anneau d'*infibulation*, soit afin de ne pas enfreindre leur vœu par quelque tentation charnelle, soit pour offrir le témoignage de leur constance. Il parle de plusieurs moines mahométans, et d'autres dé-

vots personnages de l'Inde, bonzes, fakirs qui,
« dans ces climats chauds, où la nudité ne
scandalise pas, les femmes dévotes font admirer ,
les preuves de ce grand effort de sagesse. On
dit plus, et sans doute les voyageurs n'ont pas
menti, ces personnages divins sont tellement
vénérés pour avoir gardé ce vœu, que les bi-
gotes vont saintement, à deux genoux, baiser
l'anneau préputial, apparemment pour gagner
les indulgences. »

Réunir les organes sexuels ou les lèvres du
vagin par une suture faite dès l'enfance avec un
fil ciré, en ne laissant qu'une petite ouverture
pour la sortie des urines et des menstrues, telle
est l'infibulation la plus usitée dans l'Inde, la
Perse et l'Orient.

C) *Castration (Émasculation)*. — Cette mutilation consiste dans l'enlèvement des testicules.
Elle entraîne la stérilité absolue, cela va sans
dire ; mais comme le pénis est conservé, la victime n'est point impuissante, absolument parlant.

Sémiramis, dit l'histoire, est la première qui
a eu l'*idée* de faire mutiler les esclaves pour
son service domestique. Les Assyriens, les
Perses, les Mèdes avaient des Eunuques, les
palais en étaient remplis. Putiphar en était un,
ce qui excuse sa femme d'avoir eu de l'amour
pour Joseph.

Pour être plus agréables à la divinité, les prêtres de Cybèle se châtraient.

Il y a d'ailleurs des degrés dans l'*eunuquisme*. Est réputé *vrai* celui où les deux testicules sont totalement enlevés. Étant ainsi châtrés, ces dégradés sont privés de désirs vénériens et voient avec indifférence les femmes; leurs fonctions de nutrition se font plus lentement, la virilité a disparu, etc. Hippocrate prétend qu'ils sont exempts de la goutte.

L'eunuque peut encore exercer le coït et procurer à la femme certaines jouissances. Les dames de la Rome décadente, recherchaient paraît-il, ces êtres mutilés, parce qu'elles se débarrassaient, par ainsi, des soucis de la grossesse.

On sait que les hommes châtrés ne peuvent faire partie du clergé catholique. On a prétendu que jadis, le jour où le Pape était intronisé, on le faisait asseoir sur un siège de marbre où l'on s'assurait de sa parfaite organisation; mais nous n'affirmons rien à cet égard.

Les Eunuques préposés à la garde des sérails chez les Turcs sont encore nombreux, quoique la pratique tende à diminuer de jour en jour. Généralement ils sont privés, non seulement de testicules, mais encore de verge.

Godard raconte comment, dans un but de lucre, on fait subir à de jeunes nègres de 6 à 8 ans la mutilation épouvantable qui doit produire ces êtres dégradés : on abaisse d'abord les testicules dans le scrotum, puis de la même main on saisit la verge, l'on lie le tout, on tire encore sur ces parties liées, et d'un coup de rasoir on enlève tout ce qui se trouve entre la ligature et la main qui exerce la traction. On verse ensuite de l'huile bouillante sur la plaie pour arrêter l'hémorragie, et on enterre jusqu'à la poitrine pendant quelques heures le malheureux enfant dans le sable fin. Cette horrible opération se pratique exclusivement dans la haute Égypte, à Siouth, à Girgeh, villes habitées par des Coptes. Elles fournissent des Eunuques à tous les harems. On vend ceux-ci de 1.500 à 3.000 francs. Un quart des opérés succombe.

Les excentricités, les barbaries, les crimes que l'instinct des jouissances vénériennes a fait commettre sont incroyables. Les Mèdes furent les premiers qui donnèrent à leurs femmes un cortège d'Eunuques. *Emasculer* les enfants devint bientôt une branche d'industrie très lucrative. L'historien Procope nous apprend que les jeunes castrats étaient très recherchés des Seigneurs de la cour de Justinien.

Comme exemples d'excentricité et de fanatisme, nous rappellerons que Combalus, très beau, se mutila pour échapper aux dangers d'une passion qu'il pouvait inspirer à sa reine, Stratonice.

Une secte furieuse prit naissance dans les contrées brûlantes de l'Arabie, sous le nom de *Valésiens*. Ces forcenés faisaient vœu, non seulement de se mutiler eux-mêmes radicalement, mais encore de mutiler tous les individus qu'ils rencontreraient.

Après Mahomet, les despotes d'Asie ne se contentèrent pas d'*eunuchiser* les mâles, ils ordonnèrent qu'on fît des Eunuques femelles, en fendant le ventre des jeunes filles pour aller saisir les ovaires et les extirper, ou soumettre ces organes à l'*éviration*.

L'art d'émasculer fut introduit vers le XIᵉ siècle dans les États romains. Le pape Clément IV s'éleva contre cette barbare coutume, mais on éluda ses ordres. On a vu en Italie des pères faire des castrats de leurs enfants, pour les engager chèrement au théâtre.

D) *Cultes du lingam et du phallus.* — Dans l'antiquité les mœurs étaient imprégnées d'une sorte de vénération pour les Organes qui donnent la vie. Leur image, loin de blesser la pudeur, était portée processionnellement en triomphe religieux. Le *lingam* organe mâle, ornait les objets de toilette des femmes Indoues, et l'on voyait même des fakirs, religieux mendiants, moitié nus, aux bords des temples, offrir leur lingam à baiser aux femmes qui désiraient devenir enceintes.

Les emblèmes de la génération étaient sculptés sur les monuments. Les Egyptiens rendaient un culte au phallus, et les cérémonies se terminaient par des scènes licencieuses, dont on pouvait dire : *verendæ partes utriusque in actu copulationis.* Quel mélange de pratiques réputées religieuses et d'orgies. Quelles mœurs !

Les hommes et les femmes se fustigeaient dans les temples de Memphis ; il y en avait partout de ces temples pour les dieux de l'Olympe, mais ceux consacrés à Vénus étaient les plus nombreux, car on en comptait quatre-vingt-dix dans les deux Grèces. C'est à Athènes et à Corinthe surtout que l'on célébrait avec le plus de luxe les fêtes de Vénus. Le dieu Priape avait ses autels, ses statues, non moins honorés.

Les Romains imitèrent les Grecs, qui imitèrent les Indiens. Ils les surpassèrent même dans le culte consacré à la déesse Vénus, à Bacchus, au dieu Pan, etc., représentés partout avec les signes exagérés de la virilité. Les dames romaines firent du phallus un objet de parure. La licence ne connaissait plus de bornes, soit dit sans jeu de mots, car le phallus était sculpté jusque sur les bornes des chemins.

L'histoire ancienne, l'histoire romaine surtout fournit de nombreux exemples des ardeurs vénériennes des femmes de haute comme de basse condition. Les débauchés des deux sexes instituèrent les mystères de Cotyto, à l'instar de ceux de Cérès, de Siva, etc. Dans ces fêtes nocturnes, il se passait des choses sur lesquelles l'antiquité a jeté un voile. On chassait des lupanars Messaline, *lassata sed non satiata.* Jeanne de Naples et Lucrèce Borgia renouvelèrent les orgies de Messaline.

Mais c'est assez citer de ces désordres des sens qui se produisaient dans les siècles où la morale chrétienne n'avait pas encore pénétré.

Et dire que le culte phallique dura en Grèce, à Rome, en Égypte et en Orient jusqu'au IV siècle de notre ère, et la superstition des *amulettes*, priapiques bien au delà! Il existe encore en France des monuments qui offrent des exemplaires de ces images, plus ou moins altérées par le temps et les révolutions.

CHAPITRE IV

Influences qui s'exercent sur la fécondité.

Elles sont de deux sortes : les générales et les individuelles.

Les influences d'*ordre général* se rapportent à la race, au climat, aux saisons, localités, mœurs, habitudes, professions, à l'hérédité, etc. Quant à celles dites *individuelles*, ce sont la puberté, la nubilité, l'âge, la constitution, le tem-

:pérament, l'état mental, les habitudes personnelles, la consanguinité, l'hérédité, etc.

A) La *Race*. — L'aptitude à procréer est sou-
mise à tant d'influences qu'il est extrêmement
difficile d'apprécier sa plus ou moins grande résistance aux causes qui tendent à l'amoindrir. Aussi
croyons-nous que cette aptitude serait la même
dans les diverses races si la misère, le despo-
tisme, les persécutions, les préjugés, l'abus des
jouissances précoces, etc., ne l'affaiblissaient.

Quoi qu'il en soit, on sait que les Chinois
mettent au monde beaucoup d'enfants ; que les
Nègres ont une nombreuse postérité, malgré
les conditions défavorables résultant de leur
servitude, de leur climat, car le ciel ardent est
généralement considéré comme peu propre aux
unions fécondes.

B) Le *Climat*. — Abstraction faite des causes
qui amènent des destructions fortuites, dont la
faculté procréatrice est bien innocente, il est
certain que la population diminue à mesure
que l'on s'avance des pôles vers l'équateur. Ce
sont les contrées à température moyenne ou mo-
dérément froide, qui se font remarquer par leur
fécondité. On a de tout temps célébré celle des
Suédoises. Lord Kaines rapporte qu'en 1807,
« le roi de Danemark, voyant l'Islande dé-
peuplée par une contagion, déclara par une
ordonnance que toute fille qui ferait jusqu'à

six enfants ne serait pas déshonorée. Les Islandaises furent si jalouses de concourir à la population de leur patrie qu'il fallut bientôt arrêter par une loi le débordement des enfants. »

En Russie, les naissances sont aussi très nombreuses. D'où venaient ces hordes de barbares qui, à la décadence romaine, se ruèrent sur les Gaules, l'Espagne et l'Italie? Elles étaient sorties des contrées nord de l'Europe et des antres de leurs immenses forêts. Quoique les temps et les conditions d'existence soient bien changés, c'est encore de ces mêmes contrées que sont venus les douze cent mille soldats qui se sont rués sur la France en 1870.

La chaleur atmosphérique relâche les tissus, énerve les constitutions, affaiblit, amollit les individus par les pertes sudorales, le ralentissement des fonctions de nutrition, l'appauvrissement du sang : c'est à cause de cela que les régions équatoriales, malgré la beauté du climat qui dispose à l'amour, sont celles où le précepte de l'Écriture « *croissez et multipliez* », est le moins observé ; là d'ailleurs l'excès des plaisirs faciles résultant de la polygamie épuise les hommes, et l'abus des bains que font les femmes les rend moins fécondes, en relâchant leurs organes et en émoussant avec leurs désirs la vitalité de l'utérus.

Et pourtant les femmes méridionales passent

pour être plus ardentes que celles des contrées froides. C'est que, précisément, cette ardeur dépasse la limite favorable en imprimant au système utérin une activité trop grande qui prédispose à l'irritation inflammatoire, aux pertes menstruelles, aux avortements, etc.

C) Les *Saisons*. — Elles ne sont pas sans influence sur la faculté d'engendrer. On en juge par ce fait que les naissances sont plus nombreuses à certaines époques de l'année qu'à d'autres. Dans notre climat, en France par exemple, il vient au monde un plus grand nombre d'enfants dans les mois de janvier, février et mars ; preuve que les rapports sexuels sont plus fréquents ou plus féconds dans les mois d'avril, mai et juin. D'où cette conclusion que le printemps est la saison la plus favorable à la procréation, dans l'espèce humaine comme dans tout le règne animal.

D) Les *Localités*. — Les lieux élevés, arides, venteux sont moins peuplés, moins fertiles que les bas-fonds, les vallons arrosés par des cours d'eau. L'humidité atmosphérique semble agir sur l'aptitude des êtres à la fécondation comme sur la fertilité du sol. L'Égypte s'est montrée, dans les temps anciens, plus riche en productions terrestres et en population que les contrées voisines. Ne sait-on pas que l'eau du Nil a passé pour rendre les femmes fécondes ?

Les Pays-Bas, la Hollande, les plaines de la Lombardie et divers lieux en France où règne une atmosphère sans sécheresse aride, se font remarquer par une natalité très grande, eu égard au chiffre de la population, toutes autres causes de fécondité ou d'infécondité éliminées.

Quant aux villes, comparées aux campagnes, chacun sait que les citadins font moins d'enfants que les paysans ; mais la cause en est dans des conditions sociales particulières que nous allons retrouver en parlant de l'aisance, de la misère et des mœurs, etc.

E) *Aisance* et *misère*. — Les pays pauvres ne sont pas ceux qui se font remarquer par une population exubérante : la fécondité animale y est en corrélation avec la fertilité du sol. D'un autre côté, il n'est pas moins certain que les déshérités de la fortune se multiplient bien plus que les riches. Pourquoi ? Uniquement parce que le riche est dominé par le souci d'augmenter sa fortune, de ne pas la voir se trop diviser, et surtout parce qu'il ambitionne pour sa progéniture une destinée qu'il croit voir un jour d'autant plus belle qu'elle sera fondée sur la richesse. Et puis, dans les classes fortunées, souvent la femme légitime est délaissée par le mari, qui va porter ailleurs, sinon son amour et son affection, du moins l'exubérance de ses désirs de luxure.

D'autres fois, par une cause inverse, il y a

peu d'enfants dans le mariage car le luxe et l'abus des plaisirs ont usé prématurément les ressorts de la vie.

Rien de tout cela n'a lieu, en général, dans les classes pauvres ou chez les campagnards. Ceux-ci, au contraire, voient arriver les enfants comme un présage de richesse, à cause de leur travail futur, sur lequel ils comptent. Du moins c'était ainsi jadis.

Un auteur prétend que la Fécondité de la Femme est en rapport direct avec l'intensité des privations qu'elle endure; et il explique ce fait, non enregistré par la physiologie, que la force plastique ne trouvant pas à épuiser son activité dans l'élaboration des matériaux destinés à l'entretien de l'individu, emploie son surcroît d'énergie au bénéfice d'une fonction d'un autre ordre, celle de reproduction.

En tout temps et en tout lieu, quel que soit le climat et dans quelque classe de la société qu'on le considère, le chiffre des naissances s'élève, dans les années d'abondance il s'abaisse dans celles de disette. Dans une année fertile, tout se multiplie, insectes, bestiaux, naissances humaines; tandis que quand la misère et les privations se font sentir, non seulement il y a arrêt de mouvement de la population, mais augmentation de la mortalité.

Sine Cerere et Baccho friget Venus.

Se sont-ils appuyés sur cet adage, les moralistes qui conseillent les abstinences et le jeûne en vue d'émousser l'aiguillon de la volupté?

F) La *Nourriture*. — Le genre de nourriture agit puissamment sur les facultés procréatrices ; l'usage de la viande, du poisson, du vin généreux pris en quantité modérée, dispose aux plaisirs de l'amour, mieux que ne le fait, assurément, une alimentation végétale, maigre ou insuffisante.

A côté de cette règle générale, il faut admettre que certaines substances alimentaires jouissent de la propriété d'éveiller et de surexciter l'instinct génésique : tels les mets de haut goût, la chair de poisson, les truffes et certains condiments, comme la vanille, la muscade, les bulbes des alliacés, etc.

Ces substances, dont nous pourrions considérablement allonger la liste, ne possèdent pas au degré qu'on leur suppose la vertu prolifique, bien s'en faut ; pourtant il appert que le poisson est particulièrement excitateur de l'appareil génito-urinaire, par la raison qu'il contient un peu de phosphore, l'un des *aphrodisiaques* les plus renommés et connus.

Ce fait était certainement ignoré des autorités religieuses, lorsqu'elles plaçaient la chair des poissons dans la catégorie des aliments froids, calmants, réservés pour les temps de jeûne et de pénitence.

Du reste, une foule de fables ont eu cours relativement aux influences qui s'exercent sur l'instinct de concupiscence. En voici un exemple :

On a prétendu (*Mém. de la Soc. roy. de méd.* en 1776) que le blé sarrazin dont on se nourrit en Sologne excite tellement à la luxure, que des enfants de 7 à 8 ans ont eu déjà commerce ensemble, et que les femmes y sont également lascives et fécondes. — Les choses ont bien changé.

L'usage modéré des boissons spiritueuses, du vin, du cidre, peut être favorable à la fécondité ; toutefois leur abus ne peut être que pernicieux. L'ivresse portée à un certain degré rend impossible le congrès, faute d'érection suffisante. Dans les Pays-Bas, la Hollande, les grands buveurs d'eau-de-vie deviendraient impuissants, voire même stériles ; tandis que les buveurs d'eau naturelle sont, dans les combats d'amour, plus vaillants que les amants de Bacchus.

L'usage immodéré du tabac peut devenir cause de frigidité et d'infécondité (*Société contre l'abus du tabac*).

Nous pourrions parler encore de certaines substances narcotiques, stimulantes, aphrodisiaques, dont les Orientaux se servent pour exciter leurs désirs et leurs forces viriles épuisées ; mais c'est un sujet qui trouvera sa place, plus naturellement, au chapitre IMPUISSANCE.

G) Les *Professions*. — Elles ne sont pas indifférentes dans le sujet qui nous occupe. Plus elles nécessitent d'efforts et dépensent de forces, moins il reste de celles-ci naturellement pour l'exécution physiologique parfaite des actes de la fécondation. Sous ce rapport, les travaux de l'esprit l'emportent encore sur ceux du corps. Les savants, les grands penseurs sont peu portés aux plaisirs d'amour ; et comme le défaut d'exercice plonge les organes dans une sorte d'atonie, de frigidité, leur mise en activité perd de sa puissance fécondante. Newton est mort vierge.

Les hommes et les femmes qui tissent la toile, en exerçant ce métier exécutent certains mouvements du bassin et des membres inférieurs qui les portent bien plus que d'autres à l'acte conjugal : c'est une remarque qui a été faite par les anciens. Les modernes, à leur tour, ont cru remarquer que la mise en mouvement de la machine à coudre, au moyen du pied, n'est pas sans inconvénient pour les femmes, à cause de l'excitation qui en résulte du côté des organes sexuels. Aujourd'hui c'est le sport bicycliste qu'il s'agit d'apprécier au point de vue de son influence sur les organes génitaux de la femme.

Les *influences personnelles*. — Celles qui peuvent modifier l'aptitude de la Femme à concevoir, de l'Homme à féconder, et qui leur sont propres, sont certainement beaucoup plus puissantes que celles que nous venons de passer en revue. Et cependant, à part l'état d'intégrité ou de maladie des appareils sexuels, dont la constatation est généralement assez facile à faire, ces influences se démontrent par des suppositions plutôt que par une observation rigoureuse. C'est que, comme nous l'avons déjà dit, si la Fécondité peut s'affirmer chez la femme, elle reste douteuse chez l'homme, *tant qu'il n'a pas acquis la certitude qu'il est père.*

La première condition pour que la faculté procréatrice puisse se manifester, c'est que les organes auxquels cette faculté est dévolue soient dans un état d'intégrité. Cela étant nous devrions, pour être méthodique, commencer par l'étude de l'anatomie et de la physiologie de ces organes ; mais, bien que très utile pour l'intelligence des matières en question en ce moment, cette étude, qui n'est qu'ébauchée dans ce volume, n'est pas indispensable ici, tandis qu'elle doit absolument précéder les considérations que nous avons à présenter sur l'*Impuissance* et la *Stérilité.*

Certainement la Femme passe pour être plus féconde que l'Homme, et cependant, dans les unions stériles, c'est elle plutôt que l'autre qu'on accuse. Nous verrons plus tard quelle part doit être faite à chacun des conjoints dans les causes d'infécondité qui peuvent leur être imputables. (V. Impuissance, Stérilité.)

Généralement, la puissance procréatrice du mâle est plus restreinte que celle de la femelle. Dans l'espèce humaine, lorsqu'une union donne naissance à 2, 3 et même 4 enfants jumeaux, c'est à l'aptitude de la Femme à concevoir qu'il en faut rapporter tout l'honneur. On a observé chez certaines femmes une fécondité s'accusant par des grossesse gémellaires répétées. Cette faculté est même souvent héréditaire.

Osiander cite une femme qui, en onze couches, donna le jour à 32 enfants. On peut joindre à cet exemple celui de ce paysan russe qui fut présenté à Catherine II ; il avait 90 enfants ; ou celui de ce Danois qui réunit 297 enfants et en forma un bataillon dont il alla offrir les services à son roi. Ces fécondités extraordinaires ne tiennent qu'à la femme ; les chefs de ces innombrables familles ne méritent nullement la curiosité dont ils furent l'objet.

La Fécondité individuelle est influencée par certaines conditions d'âge, de constitution, de tempérament, voire d'état mental des personnes. Il est une autre influence à laquelle on a fait jouer un rôle trop important dans les mariages, c'est la Consanguinité. (V. ce mot.)

H) *L'Âge.* — L'homme ne devient apte à féconder sa compagne, et celle-ci à être fécondée, que quand le corps a acquis tout son développement et que l'exercice des fonctions génitales peut avoir lieu sans porter atteinte à la santé de ceux qui s'y livrent. Or, l'époque de la vie en question est variable, suivant les latitudes et les climats, etc. Elle marque l'âge de puberté, lorsqu'elle est arrivée.

La *Puberté* existe donc du moment où l'individu devient propre à accomplir l'acte de la génération. Toutefois, on est pubère avant d'être nubile : les deux termes n'expriment pas tout à fait la même chose.

I) *Nubilité* veut dire état d'une personne en âge de se marier : elle suppose l'accroissement du corps terminé et les organes parvenus tous au degré de force et de perfection nécessaire pour rendre l'homme capable de procréer son semblable dans de bonnes conditions ; de même la femme est supposée en état de supporter les fatigues de la grossesse, de l'accouchement et de ses suites, l'allaitement compris. La *Puberté*, au contraire, a un commencement et un développement plus ou moins lents ou rapides, mais qui coïncident avec les derniers effets de l'accroissement général.

L'âge de puberté — puberté et nubilité seront désormais synonymes pour nous — varie chez les sujets suivant la latitude et les climats. Les Orientaux sont pubères bien plus tôt que les habitants des contrées septentrionales ; par contre, ils perdent aussi beaucoup plus tôt la faculté génésique.

Chez certains peuples méridionaux, la Femme peut concevoir à l'âge de 12 ans, époque à laquelle, en général, elle est menstruée, et l'Homme est nubile vers la quinzième année.

Dans nos contrées tempérées, les limites de la vie sexuelle se trouvent entre 15 et 45 ans pour la femme, et 18 à 55 pour l'homme. Hâtons-nous d'ajouter, toutefois, que les différences les plus grandes, les exceptions les plus inattendues peuvent modifier ces appréciations.

En résumé, la puberté apparaît en général chez l'homme deux ou trois ans plus tard que chez la femme ; cette différence tient sans doute à l'excitabilité plus grande du système nerveux chez le sexe féminin.

K) *Puberté de l'homme.* — Elle est marquée par divers phénomènes propres à l'individu, à part ceux qui intéressent toute l'économie et qui se rapportent au développement des systèmes osseux, musculaire, sanguin, etc. Le jeune homme voit sa peau offrir une teinte plus foncée, son menton se couvrir d'un duvet cotonneux, auquel succède bientôt la barbe ; le pubis se couvrir aussi de poils ; le scrotum s'agrandir

et se contracter sous la moindre influence; à
ce moment les testicules acquièrent un volume
double de celui qu'ils avaient auparavant; la
verge grossit, s'allonge, est le siège d'érections
fréquentes; puis viennent les songes érotiques,
les éjaculations nocturnes, et le sperme, d'a-
bord aqueux, se montre bientôt avec tous ses
caractères physiques et son odeur spéciale.

Au moral, le jeune pubère éprouve une sorte
d'inquiétude, non sans charme; son imagination
s'éveille; il aime à se perdre dans mille pensées
confuses, dont le vague indéfinissable est une
jouissance de cet âge des illusions. Il se complaît
dans une rêverie silencieuse et ouvre son cœur à
tous les sentiments généreux. Avide de connaître,
s'enivrant aux récits des beaux exploits, c'est
en vain qu'on chercherait à l'effrayer en lui
exposant les dangers auxquels il va s'exposer.

Et puis une force inconnue, irrésistible, l'entraîne vers un sexe qu'il se représente sans
cesse sous les couleurs les plus séduisantes.
« Dès qu'il l'approche, une timidité insurmontable le saisit. Il est timide, parce que la nature
des désirs qu'il ose former l'étonne lui-même
et que la défiance de leur succès le déconcerte.
Cet embarras du premier amour, cette timidité
cèdent enfin à l'impétuosité d'une passion que
les obstacles exaltent. Le jeune homme aime;
il aime avec toute la passion de son âme; et

lorsque ce sentiment est uni à d'heureuses dispositions, il hâte leur développement et contribue à rehausser la dignité de l'homme en étendant les facultés morales qui font son plus noble apanage. »

L) *Puberté de la femme.* — Elle est annoncée par des douleurs lombaires, des lassitudes, un certain alanguissement des forces de l'esprit et du corps ; la jeune fille, si vive et si enjouée naguère, devient rêveuse, sans goût pour les exercices du corps. En même temps, les formes extérieures se modifient, le bassin s'élargit ; les glandes mammaires deviennent très sensibles, augmentent de volume et prennent ces formes voluptueuses, à l'attrait desquelles ajoutent encore la couleur vermeille et l'exquise sensibilité du mamelon. La peau se couvre de poils au pubis et aux aisselles ; toute la force du système pileux se concentre du côté de la chevelure, qui se développe rapidement.

Une véritable métamorphose s'opère chez la jeune fille qui, dans l'espace de quelques mois, passe d'un état où les formes sont disgracieuses par l'allongement des membres et du corps (âge ingrat), à un ensemble dont la Vénus de Milo offre le parfait modèle. Son teint se colore à la vue du jeune homme, et sa physionomie exprime des impressions bien différentes de celles de l'enfance.

Mais les phénomènes véritablement caractéristiques de la nubilité se passent du côté des organes génitaux. Les ovaires et l'utérus augmentent de volume, et ce dernier organe devient le siège d'un flux sanguin qui va se renouveler tous les mois. (V. *Menstruation*.) Les parties externes de la génération subissent également des modifications notables : le *mont de Vénus* s'arrondit et se couvre de poils; les grandes et petites lèvres deviennent plus saillantes, sont humectées d'un fluide séro-muqueux; le clitoris manifeste des mouvements de turgescence accompagnés de sensations voluptueuses, que la pudeur veut réprimer, mais qu'elle rend plus vives encore.

Au moral, c'est une vague inquiétude, un vide du cœur que la jeune fille cherche vainement à remplir. « Inquiète des désirs vagues et obscurs dont elle est tourmentée, elle croit retrouver dans la solitude le calme et la gaieté qu'elle a perdus; mais son imagination vive, mobile, ne fait qu'augmenter son trouble; elle languit dans une mélancolie profonde, dont les accès sont terminés par une abondante effusion de larmes qui la soulage. »

« Tous les phénomènes qui se passent à l'époque de la puberté chez la femme sont sous la dépendance des ovaires, et, si l'on venait à enlever ces organes, comme on enlève les testicules chez l'homme, on n'observerait rien de ce qui caractérise cette période de la vie. »

La Fécondité existe aux âges que nous venons d'indiquer tout à l'heure ; mais est-elle dans toute sa puissance au point de vue d'une parfaite complexion qui sera communiquée au produit ? Non ; les enfants nés de parents trop jeunes (ou trop âgés) sont souvent chétifs et faibles de constitution. C'est ce qu'avaient parfaitement compris les législateurs de l'antiquité, qui prescrivaient pour le mariage des hommes l'âge de 30 à 37 ans, et pour celui des femmes l'âge de 18 à 24. Ces limites d'âge étaient un peu exagérées : 20 ans pour la femme, 24 pour l'homme, voilà les époques les plus favorables.

M) La *constitution ou tempérament*. — Le degré de développement et d'activité des organes correspond à la constitution ; le tempérament désigne plus spécialement la prédominance d'un système d'organes, sans que pourtant la santé générale soit ébranlée. Cela dit, il va de soi que les individus dont toutes les fonctions s'exécutent avec activité et harmonie sont les plus robustes et, généralement, les plus favorisés du côté de la puissance génératrice. Les Messalines devinent cela instinctivement, car elles choisissent les hommes de cette constitution pour se satisfaire.

Les hommes à larges épaules, à la voix forte

et sonore, qui ont la poitrine carrée, les muscles forts et durs, la peau velue, passent pour être ardents en amour, parce que chez eux la sécrétion spermatique est abondante.

Cependant les plus forts, musculairement, ne sont pas toujours les plus vigoureux dans les combats de Vénus : le tempérament y est pour quelque chose. Il y est si bien que les anciens en avaient reconnu quatre primordiaux, à chacun desquels ils rattachaient l'un des quatre âges de la vie. Ainsi, au tempérament *sanguin* correspondait la jeunesse, le printemps ; au *bilieux* l'âge adulte, l'été ; à l'*atrabilaire* l'âge mûr, l'automne ; au *pituiteux*, la vieillesse, l'hiver. Les tempéraments sanguins et bilieux, qui correspondent à la jeunesse et à l'âge adulte, sont en effet ceux où les forces viriles et l'aptitude à la procréation sont le plus développées.

« Les femmes, dit Gardien, qui, par leur tempérament et les dispositions de leur corps, se rapprochent plus de la constitution de l'homme que de celle de la femme, sont presque toujours stériles. Les Latins les distinguaient sous le nom de *viragines*, à raison de cette apparence. Leur voix est grave et forte, leur menton et leur lèvre supérieure sont garnis de barbe comme ceux des hommes ; la couleur de leur peau est basanée, et leur poitrine souvent couverte de poils; elles n'ont point ou peu de règles, sans que leur santé en soit dérangée; les plaisirs de l'amour n'ont aucun attrait pour elles, et elles préfèrent pour l'ordinaire la vie active des hommes aux occupations paisibles de leur sexe. Il n'est pas rare d'en rencontrer dans les camps, où elles paraissent se plaire. »

L'état maladif, la faiblesse organique native ou acquise modèrent les désirs et même peuvent les faire disparaître tout à fait; les sujets engendrés par les individus de cette constitution offrent eux-mêmes les signes d'une santé débile. Il est pourtant certaines maladies, comme la phtisie pulmonaire, sans parler de l'érotomanie, qui semblent favoriser les ardeurs amoureuses, au lieu de les éteindre. Mais malheur à l'homme ainsi frappé qui cède à ces désirs factices, car il abrège son existence, en léguant son mal à sa postérité.

N) *L'état mental.* — On a cru remarquer que les femmes d'un caractère gai, enjoué et affectueux conçoivent avec une grande facilité, voire même dans des circonstances où, trompant les vues de la nature, les époux cherchent, dans le mystère de l'alcôve, à se procurer des jouissances stériles. Mais il est impossible, le plus souvent, de déterminer la cause qui fait que telles femmes sont plus fécondes que telles autres. (V. *Stérilité.*)

On parle aussi du défaut de rapport et de convenance entre les tempéraments et les dispositions morales des conjoints. Nous croyons, en effet, que le défaut d'amour, une certaine antipathie, le dégoût, la découverte d'une infirmité ou d'un mal, ignoré jusque-là, rendent l'un ou l'autre peu propre à la fécondation. Toutefois, il ne faut pas attribuer une trop grande importance à ces influences, car on sait que la femme, violée dans des circonstances où la peur, la colère et le sentiment d'horreur la dominent, peut devenir enceinte.

O) Les *Habitudes*. — Les travaux excessifs du corps et de l'esprit, les passions vives, l'intempérance, l'abus des plaisirs vénériens tendent à diminuer l'aptitude à la fécondation. Il n'est pas jusqu'aux vêtements, à certains exercices, qui ne puissent produire le même effet. L'équitation, par exemple, a l'inconvénient pour les hommes de froisser les organes sexuels, de troubler les fonctions testiculaires, etc.

Nous aurons à revenir sur toutes ces questions aux chapitres *Impuissance* et *Stérilité*.

P) L'*Hérédité*. — Tous les êtres animés transmettent à leurs descendants, à leur espèce respective, les qualités ou les imperfections de leur race. Plantes, animaux, aussi bien que les hommes, apparaissent sur la terre avec des dispositions et des tendances qu'ils doivent aux ascendants ; seulement ces tendances ou prédispositions sont modifiées par les milieux : la plante est modifiée dans son organisme ; l'animal dans son organisme et son instinct ; l'homme dans son organisme, son instinct et son moral. Ces modifications sont fatales pour la plupart, mais pour l'homme elles ne le sont plus alors que la raison lui vient avec la liberté de réagir. C'est pourquoi l'hygiène, tant physique que morale, devient la chose la plus importante de la vie.

Il y a des enfants qui tiennent tantôt du père, tantôt de la mère ; il y en a qui, n'ayant aucun trait de ressemblance avec le père ou la mère, en offrent soit avec d'autres parents consanguins, soit même avec l'homme qui a eu contact avec la mère à une époque antérieure à la fécondation. Le caractère, la constitution, le tempérament, l'idiosyncrasie, etc., peuvent donc se retrouver, se transmettre des père et mère aux enfants ou aux descendants ; à plus forte raison les germes, les virus, etc., se transmettent-ils par hérédité. Exceptons toutefois le moral et les facultés intellectuelles, elles sont moins obéissantes à l'hérédité. D'après la *Vénus féconde*, le père transmettrait à ses filles ses qualités morales, et la mère les siennes à ses fils.

La femme peut être sous l'influence d'une prédisposition native à l'inaptitude à la fécondation, celle-ci confinant à la stérilité. L'hérédité, en somme, domine tous les phénomènes biologiques, psychiques, physiques et pathologiques.

Q) La *Consanguinité*. — Cette expression s'applique à l'influence de parents nés d'un même sang, aux unions contractées entre cousins germains, neveux et nièces, et cousins jusqu'au troisième degré dans la ligne collatérale. On accuse ces unions de fécondité affaiblie, de stérilité même, ou bien de donner lieu à des produits imparfaits, incomplets, dont la vitalité est languissante et à courte existence, etc.

Cette question ne figure ici qu'à titre de cause présumée d'infécondité, car la consanguinité doit revenir sous notre plume quand nous parlerons du Mariage. Mais, dès à présent, nous pouvons déclarer que les *Mariages consanguins* ont été calomniés. Il résulte, en effet, d'études et d'observations consciencieusement faites, que si l'*hérédité* est en puissance de transmettre les qualités et les défauts physiques et moraux des parents, elle conserve ce pouvoir dans toutes les unions en général; que si la *Consanguinité* agit avec plus d'intensité, quand l'hérédité n'existe pas, ce qui doit être, puisque la même aptitude est propre à l'un et à l'autre conjoint, elle doit doubler la prépondérance des bonnes qualités, comme des mauvaises.

En d'autres termes, les unions consanguines, à quelque degré de parenté qu'elles soient contractées, *lorsque les époux sont parfaitement sains*, non seulement n'ont aucune influence fâcheuse sur la santé des enfants, mais elles la perfectionnent. Les termes sont renversés dans les cas contraires.

Toutefois, une question se dresse menaçante : il s'agit de savoir s'il n'existe aucun vice caché, aucune diathèse dans les familles des conjoints. Dans le cas où la Consanguinité ne compte qu'un petit nombre d'unions successives, il y a lieu de croire que les constitutions des descendants n'ont subi aucune atteinte; mais, à la longue, le mélange prolongé de deux mêmes sangs peut certainement modifier celui de l'individu en observation plutôt en mal qu'en bien, alors même que les deux premiers facteurs auraient été d'une santé irréprochable.

CHAPITRE V

Phénomènes de la fécondation.

Nous divisons ce chapitre en trois paragraphes principaux : 1° Rôle de l'Homme ; 2° Rôle de la Femme ; 3° Phénomènes intimes de la Fécondation ; 4° Fécondation artificielle de la Femme ; 5° Mégalanthropogénésie.

§ 1. Rôle de l'Homme dans la fécondation.

Pour que le rôle de l'homme s'accomplisse dans de bonnes conditions, il faut que cet homme ait atteint l'âge pubère ; qu'il soit en érection ; qu'il opère l'intromission du pénis, et enfin qu'il y ait éjaculation.

A) *Puberté*. — La tâche que nous avons entreprise nous aurait exposé à de nombreuses répétitions, si nous n'eussions mis tout l'ordre qu'il nous a été possible dans la distribution des matières et dans la méthode d'exposition. En effet, l'article Puberté, quoique trouvant ici sa place légitime, a dû, avec non moins d'opportunité, être traité au chapitre de la Fécondité.

Nous devons en faire autant pour l'étude du Sperme, qui a été introduite dans l'exposé du rôle des organes génitaux de l'Homme.

Rappelons seulement que, parmi les divers changements qui s'opèrent chez les garçons, au double point de vue du physique et du moral, au moment où ils deviennent pubères, le plus important, le seul absolument caractéristique consiste dans la présence des *Spermatozoïdes* dans la liqueur séminale.

B) *Érection*. — Sous l'influence d'une excitation particulière, soit spontanée et liée au besoin instinctif d'opérer l'union sexuelle, provoquée soit par des désirs nés d'une imagination qui rappelle ou crée des images de séduction et des actes voluptueux, soit par des attouchements lubriques, sans parler de l'action de certaines substances aphrodisiaques (V. *Frigidité*), sous ces influences diverses, disons-nous, le membre viril, de mou et pendant qu'il était, se gonfle, s'allonge et devient plus dur et résistant.

L'explication physiologique de ce phénomène singulier est assez difficile à donner. Sans doute, le sang qui afflue en abondance dans les corps caverneux et qui, par son afflux même comprime les veines ou vaisseaux de retour, nous met sur la voie d'une explication acceptable. Mais cela rend-il compte de l'impétuosité de l'afflux sanguin, de ces érections presque instantanées sous l'influence de ce qu'on nomme l'*orgasme vénérien*, lorsqu'il est porté à son maximum d'intensité? C'est précisément cette sorte de feu intérieur, de ferment, qu'il s'agirait d'expliquer. Tout ce que l'on peut dire à ce sujet, c'est qu'il est sous la dépendance de l'innervation ou action nerveuse du nerf Grand sympathique, laquelle relève du cerveau, principalement du cervelet; or l'orgasme vénérien est d'autant plus vif que l'Homme, dans l'âge nubile, est plus vigoureux et mieux portant.

Les érections provoquées par des actes

contre nature (onanisme, flagellation, etc.), ou par l'ingestion d'aphrodisiaques, ne sont pas aussi intenses que celles qui se manifestent au moment de posséder une femme ardemment désirée, pourvu toutefois que l'excès d'amour ne paralyse pas les moyens, comme il sera dit au chapitre de l'Impuissance. Il y a aussi des érections mécaniques, presque inconscientes, celles produites par le décubitus dorsal, par exemple, par la chaleur du lit, la replétion de la vessie et du rectum gênant la circulation veineuse.

Deux muscles (disons plutôt quatre), une paire de chaque côté, jouent un rôle important dans l'érection et l'éjaculation.

C'est 1° : Le *muscle ischio-caverneux*, petit muscle allongé, situé le long de l'ischion et de la racine du corps caverneux du pénis. Fixé en bas à la partie interne de la branche de la tubérosité de l'ischion, il s'attache en haut au côté externe du corps caverneux, qu'il contourne. Les deux ischio-caverneux contribuent à l'érection en comprimant par leur contraction simultanée la veine honteuse, et les veines de la verge.

2° Le *muscle bulbo-caverneux*, situé au périnée en avant de l'anus, sur le bulbe de l'urètre, qu'il entoure ; il s'étend jusqu'au-devant de la symphise du pubis. On doit considérer comme un seul muscle, penniforme, les deux muscles bulbo-caverneux des auteurs. La partie mé-

diane ou penniforme se continue avec le ligament suspenseur de la verge ; les parties latérales se confondent, à leur terminaison, avec le
tissu propre du corps caverneux. Ce double
muscle, répétons-le, joue le rôle le plus important dans l'érection et l'émission du sperme.

On peut résumer ce point de physiologie
comme suit : Les phénomènes qui se produisent
dans l'érection affectent l'ordre suivant : excitation du gland et afflux plus considérable du
sang vers cette partie et dans les cellules du
corps caverneux ; contraction des muscles bulbo-
et ischio-caverneux ; refoulement du sang du
bulbe dans le corps spongieux de l'urètre ; compression de la veine dorsale du pénis par la portion antérieure du muscle bulbo-caverneux (1).

C) *Intromission, Coït.* — Notre but étant de
donner des notions aussi exactes que le comporte l'état de la science, sur la physiologie de
la Reproduction, nous laissons de côté tout ce
qui tient au roman, toutes ces descriptions faites
pour plaire ou enflammer l'imagination, plutôt
que pour instruire, telles que celles touchant la
voluptueuse ivresse que procurent les rapports
intimes de l'Homme et de la Femme, et cette
question vaine et insoluble de décider lequel des
deux sexes éprouve la plus grande somme de

---

(1) Voir la planche représentant les organes sexuels.

jouissances dans l'acte vénérien, etc., etc. En conséquence, nous nous bornons à reproduire la description de la copulation donnée par le professeur Béclard.

« Les frottements du gland de la verge contre les surfaces nerveuses, lubrifiées et gonflées, de la vulve et du vagin, entraînent, par action réflexe, la contraction des muscles bulbo-caverneux et ischio-caverneux de l'Homme. L'érection des corps caverneux de la verge et celle du gland se trouvent ainsi portées à leurs dernières limites. Le frottement du dos de la verge contre le clitoris et contre l'ouverture de la vulve, douée en ce moment d'une vive sensibilité, amène également, par action réflexe, la contraction du constricteur du vagin et de l'ischio-caverneux, contraction qui augmente la turgescence de l'appareil érectile de la Femme, ou qui la termine si elle n'avait pas lieu au commencement du coït. L'appareil érectile de la Femme, distendu par le sang, réagit à son tour sur le membre viril, et ainsi de suite. Enfin, lorsque la sensibilité développée sur le gland par les frottements réitérés de l'organe mâle contre l'organe femelle est arrivée à un certain degré d'exaltation, il survient dans tout l'organisme une sensation indéfinissable, accompagnée d'un sentiment de chaleur le long de l'axe cérébro-spinal, de l'accélération du pouls et d'efforts convulsifs d'expiration. La contraction des voie d'excrétion du sperme, et celle de tous les muscles du périnée, survient par action réflexe de la moelle épinière, et l'éjaculation a lieu. »

D) *Éjaculation*. — Nous venons de voir comment s'effectue l'émission du sperme au degré ultime de l'orgasme vénérien, par quelles puissances musculaires ce liquide est dardé sur le col de la matrice; il doit donc paraître inutile d'insister davantage. Mais de la sécrétion spermatique proprement dite et du parcours du fluide prolifique dans ses canaux, il n'en a rien été dit encore.

Le sperme s'élabore dans les testicules; mais au moment de l'éjaculation il a reçu d'autres fluides provenant de la prostate et des glandes de Cowper, qui se sont mêlés à lui, au cours de son passage dans l'urètre. « Le testicule est composé d'éléments tubulés qui se terminent tantôt en cul-de-sac, tantôt par des anastomoses des conduits entre eux. La disposition anatomique des conduits séminifères permet de penser que la sécrétion se fait dans toute leur étendue, et que la quantité de cette sécrétion est très minime, si l'on a égard au petit volume de ces glandes, au nombre et à la ténuité des conduits séminifères, au peu de sang qu'y apportent les artères spermatiques, où la circulation est ralentie ainsi qu'à la longueur et à l'étroitesse des canaux déférents. Cette quantité paraitra encore plus faible, si l'on se rappelle que, chemin faisant, une foule de glandes viennent mélanger leurs produits à la liqueur séminale. Cependant la sécrétion spermatique est accrue dans certaines circonstances, comme par exemple sous l'influence des excitations vénériennes de certains aliments ou de certaines substances.

Comme cela a lieu dans les autres appareils sécréteurs complets, c'est-à-dire qui ont un réservoir, le produit de la sécrétion testiculaire se dirige vers les vésicules séminales au fur et à mesure qu'il se forme ; mais sa progression est lente, difficile même, dans les canaux si nombreux, si fins et si flexueux de la glande et de l'épididyme. Le sperme sort de ce dernier pour passer dans le canal déférent, qui est lui-même très petit et long, mais ayant un trajet plus direct ; il gagne la vésicule séminale correspondante à ce même canal déférent. C'est de ce réservoir qu'il part pour être conduit par les canaux éjaculateurs dans l'urètre, et être éjaculé. La force de projection dont est animé le sperme est due à des contractions brusques, convulsives, d'une couche musculeuse qui fait partie des parois de la vésicule séminale, et de celles encore plus puissantes des muscles bulbo- et ischio-caverneux. (Voir pl. I, fig. 1.)

Nous le répétons, la plus grande partie du liquide éjaculé n'est pas de la semence proprement dite ; c'est le produit de différentes glandules sécrétoires appartenant à la vésicule séminale, qui elle-même est tout à la fois organe sécréteur et lieu de dépôt.

Ainsi s'opère l'éjaculation. Un abattement subit, une faiblesse générale, une tendance au sommeil s'emparent de l'homme après l'émission du sperme. Cet état de fatigue physique et morale trouve son explication, peut-être plus dans le trouble nerveux et cette sorte d'épilepsie passagère que cause l'ivresse convulsive de l'orgasme vénérien, que dans la dépense du plus précieux produit de sécrétion.

§ 2. Rôle de la Femme à la fécondation.

La participation de la femme comme action physique, mécanique, est moins importante que celle de l'Homme. De même que celui-ci, la Femme doit être pubère ; or, cet âge est compris entre la première apparition des règles et leur disparition.

Étudions donc : 1° la Menstruation ; 2° la Ménopause ; 3° la part d'Action des organes féminins dans le coït.

A) *Menstruation*. — L'âge de puberté, chez la Femme, est annoncé par une évacuation périodique d'une certaine quantité de sang par l'utérus. On donne vulgairement le nom de *Règles* à cette évacuation, parce qu'elle se reproduit chaque mois, un peu plus tôt que plus tard. Cette fonction constitue l'indice certain de l'aptitude à la procréation.

Toutefois, il est certaines Femmes, irrégulièrement ou même pas du tout menstruées, qui pourtant deviennent enceintes ; par contre, il y en a d'autres qui, bien que parfaitement réglées, ne conçoivent pas. Les raisons de ces exceptions seront étudiées dans la suite, quoique déjà nous ayons parlé des conditions de climat, de constitution, etc., qui peuvent influer sur l'apparition, la quantité, la durée des règles, etc.

Quant à la théorie physiologique de la Menstruation, on doit la rattacher à une fonction spéciale ayant pour siège spécial les ovaires. Cette fonction consiste dans une sorte de *ponte* mensuelle d'un ou plusieurs *ovules de Graaf* ou œufs, laquelle provoque une certaine congestion sanguine vers l'utérus et, par suite, une exhalation de sang. Baudelocque a eu raison de dire que la Menstruation n'est qu'un avortement périodique. L'expression est peut-être excessive, mais elle ne manque pas de justesse, car chaque apparition des règles annonce qu'il se produit une rupture d'une vésicule ovarienne et l'expulsion d'un ovule.

Donc, tous les 26 à 30 jours, régulièrement,

une vésicule de Graaf subit une excitation particulière ; elle se gonfle, vient faire saillie à la surface de l'ovaire et se rompt. L'ovule qui s'en échappe est saisi par le pavillon de la trompe, qui se porte à sa rencontre ; il pénètre dans celle-ci, la parcourt avec lenteur. et arrive dans la matrice, d'où il est définitivement expulsé au bout de 2 à 6 jours, avec le sang menstruel que ce travail a fait exsuder de la surface interne de l'utérus.

L'évacuation des règles s'accompagne ordinairement de douleurs plus ou moins vives, passagères ou durables, dues aux contractions des fibres de la matrice, laquelle cherche à se débarrasser du sang qui s'accumule dans sa cavité. Ces douleurs sont connues sous le nom de *coliques utérines*. En même temps, la Femme éprouve de la lassitude, ses yeux se cernent, son haleine devient forte ; quelques-unes sont excitées, névrosées pour 24 ou 48 heures.

Le sang des règles, bien que ne différant pas chimiquement de celui de toute autre hémorragie. est doué d'une odeur particulière qui rappellerait les émanations des parties génitales des femelles, à l'époque du rut.

Les anciens ont parlé des prétendues qualités malfaisantes du sang des règles, de ses effets sur les personnes et les animaux qui approchent la femme au cours de la Menstruation. L'exagération est flagrante. Toutefois, une femme malade' ou aux prises avec une affection chronique, infectieuse, pourrait être soupçonnée d'exercer cette influence spéciale, dont les anciens ont voulu parler. Il est certain d'ailleurs que l'usage du chauffoir par les femmes, s'il n'est entouré de soins de propreté, peut expliquer l'intervention de Moïse, voulant décider les femmes juives, au nom de la religion, à prendre les précautions recommandées par l'hygiène.

Nous avons parlé déjà des modifications qui surviennent dans le physique et le moral de la jeune fille au moment où elle devient pubère, c'est-à-dire menstruée, nous n'y reviendrons pas.

B) *Ménopause*. — La cessation des règles apparaît généralement vers 40 à 50 ans ; elle coïncide avec un état d'inertie des ovaires, qui s'atrophient et même disparaissent quelquefois. La matrice et les glandes mammaires suivent cette atrophie, dans certaines limites. Habituellement, il ne survient aucun accident, car la disparition de la fonction menstruelle est dans le vœu de la nature. Quelquefois cependant il survient des pertes sanguines, irrégulières et qui, lorsqu'elles persistent, annoncent un état congestif, inflammatoire ou même cancéreux de la matrice. Les Femmes, à l'époque de la cessation des règles, doivent donc user des rapports sexuels avec une grande sobriété et éviter les causes d'excitation du côté des organes génitaux.

§ 3. **La part d'action des organes de la Femme dans la copulation.**

Quand le membre viril pénètre dans le vestibule, le gland vient heurter le clitoris, qui subit alors une sorte d'érection et dont l'extrémité, au lieu de regarder en haut, se dirige en bas et frotte contre la face dorsale de la verge. Le vagin, animé d'une certaine force de rétraction, se moule sur le volume de celle-ci, dont la turgescence augmente encore. « Le clitoris, abaissé fortement, subit de la part du pénis et lui inflige à son tour des frottements voluptueux, de sorte que chaque mouvement de copulation influe à la fois sur les deux sexes et concourt, au point culminant de cette excitation mutuelle et réciproque, à amener d'un côté l'éjaculation, et de l'autre la réception de la liqueur séminale dans la matrice. »

La Femme n'éprouve pas, après l'acte copulateur, l'abattement qui s'empare de l'Homme. C'est qu'en effet elle y joue un rôle moins actif, généralement même moins passionné, et que sa contribution, en fait de pertes, consiste dans des fluides muqueux exhalés par le vagin. lesquels n'ont pas sur la constitution une action aussi déprimante, aussi épuisante que celle que produit chez l'Homme l'évacuation du sperme. Aussi la Femme peut-elle répéter le congrès bien plus souvent et à des intervalles bien plus rapprochés que ne peut le faire l'Homme.

Quant à la question de savoir auquel des deux acteurs revient la plus forte somme de jouissance, encore une fois elle nous paraît oiseuse, n'en déplaise aux hommes sérieux qui s'en sont occupés et en particulier à Kobelt qui, dans sa monographie, attribue la plus belle part à la Femme, en raison de sa sensibilité plus grande, du grand nombre de bulbes vaginaux, de leur compression par la verge, du grand nombre de corps concentrés dans un petit espace, etc. Mais alors comment se fait-il que tant de Femmes n'éprouvent aucun plaisir dans l'acte vénérien, que quelques-unes même y répugnent?

Si l'on veut, nous accorderons volontiers que le plaisir éprouvé par l'Homme est plus court, mais aussi qu'il est plus vif ; que le plaisir de la Femme est moins vif, mais de plus longue durée.

§ 4. Phénomènes intimes de la fécondation.

En expliquant le mécanisme physiologique de la copulation, nous avons assisté pour ainsi dire à l'arrivée de la liqueur fécondante dans les organes de la Femme. Il s'agit maintenant de savoir comment agit cette semence, comment

13.

s'opère l'imprégnation, la Fécondation, en un mot.

Hippocrate et ses successeurs, jusqu'à la fin du XVe siècle, ont cru que les ovaires (on les appelait alors *testicules de la Femme*) sécrétaient un liquide analogue au liquide spermatique de l'Homme, et que la formation de l'individu nouveau résultait du concours ou mélange des deux semences.

Lorsque les ovules furent découverts, la question changea complètement de face. Naquit alors l'axiome célèbre : *Omne vivum ex ovo ;* mais les ténèbres n'en persistèrent pas moins, puisque les relations relatives à la génération sont encore nombreuses.

« Malgré les connaissances plus positives que nous possédons aujourd'hui sur le sperme et les œufs, le problème de la fécondation est loin d'être résolu ; il est réduit, il est vrai, à deux points seulement, mais ce sont les points les plus ardus et les plus difficiles à pénétrer. A peu près toute la question est aujourd'hui de savoir : 1° dans quel organe (ovaires, trompe ou utérus) se fait la rencontre du sperme et de l'œuf ; 2° quelle est la nature de leur contact, l'essence de leur union.

« La fécondation a lieu dans les trompes, et pas ailleurs. Elle ne saurait avoir lieu sur les œufs tombés dans la matrice à l'époque de la ponte, parce que ces œufs ne réunissent pas les conditions nécessaires, dont la principale est la fécondation préalable, pour qu'ils acquièrent l'aptitude à se greffer aux parois de l'utérus.

« La liqueur spermatique introduite dans la matrice y éprouve une dissolution : sa partie aqueuse revient dans le vagin et découle de la vulve ; mais les Zoospermes qu'elle contient, du moins leur plus grand nombre, gagnent instinctivement les trompes utérines et vont s'accrocher aux parois de ces trompes, à leur partie supérieure, près du pavillon. C'est au moment du passage de l'ovule dans la partie supérieure de la trompe, que le Zoosperme s'accroche à lui et le féconde immédiatement ».

Le moment le plus favorable pour que la conception ait lieu est du quatrième au douzième jour après la période menstruelle ; après le douzième jour qui suit la cessation des règles, l'imprégnation est peu probable ; elle ne l'est pas davantage pendant la durée de l'écoulement sanguin, parce que l'ovule ne parvient habituellement dans l'utérus que plusieurs jours après la cessation du flux cataménial.

§ 5. L'Œuf humain. — Embryologie.

L'*Œuf humain*, c'est l'ovule formé par : 1° une membrane extérieure transparente (membrane Vitelline) ; 2° un liquide granuleux qui en occupe la cavité (*Vitellus* ou *jaune*); 3° une petite vésicule incolore qui nage au milieu du liquide vitellin (*Vésicule germinative*).

Une fois échappé de l'ovaire de la Femme et uni à l'élément générateur du sperme, l'ovule est fécondé. Dans son trajet à travers la trompe, il s'entoure d'une couche albumineuse, qui disparaît bientôt, mais qui paraît favoriser la fécondation en retenant les spermatozoïdes et servir à son accroissement. (C'est cette couche, bien plus considérable, qui constitue le *blanc* de l'œuf des oiseaux.) En même temps que s'est effacée la vésicule germinative, commence dans la masse du vitellus un travail de segmentation.

« Les sphères de segmentation deviennent de véritables cellules. Les premières formées se rassemblent à la périphérie contre la face interne de la membrane vitelline, et y forment une nouvelle membrane, appelée *blastoderme*. A peine le blastoderme a-t-il pris la forme de membrane, qu'il s'obscurcit sur un des points de son étendue ; il y acquiert plus d'épaisseur, et ce point est le premier vestige de l'Embryon : c'est la *tache embryonnaire*. Pendant que s'accomplissent ces phénomènes, l'œuf poursuit sa marche à travers la trompe vers l'utérus, dans lequel il arrive vers le sixième ou huitième jour qui suit l'imprégnation, avec son blastoderme plus visible et d'un volume quatre ou cinq fois plus gros qu'il n'était dans l'ovaire. »

Nous renvoyons à l'article *Grossesse* l'étude du développement du fœtus dans la matrice.

§ 6. Création des sexes, des grands hommes à volonté.

Peut-on procréer les sexes à volonté ? — Une foule d'explications ont été proposées dans le sens de l'affirmative ; mais il n'y a eu jusqu'ici que des hypothèses absolument dénuées de preuves.

Les anciens croyaient que le testicule droit et la cavité droite de la matrice produisaient des individus mâles, et que les femelles provenaient des mêmes organes du côté gauche. mais ces pures suppositions tombent d'elles-mêmes devant ce fait que les Hommes auxquels un testicule a été emporté, soit par accident ou chirurgicalement, procréent des enfants des deux sexes. De même, quant à la Femme à laquelle il ne reste qu'un ovaire.

Tout ce qu'il est permis de supposer, c'est que les Hommes robustes et d'une forte constitution engendrent plus de garçons que de filles.

Dans cette question, comme dans tout ce qui touche au principe Vie, il y a un mystère impénétrable ; il doit en être ainsi d'ailleurs, car autrement la créature aurait le pouvoir de pervertir l'ordre des successions des Espèces, que la Nature a pourtant entourées de tant de garanties sous le rapport de la fécondité et de la fécondation.

Cependant, il nous faut bien faire connaître les théories qui ont été proposées. — Voici celle que Debay expose dans sa *Physiologie du mariage :*

La détermination du sexe a lieu au moment même de la fécondation ; elle dépend exclusivement des qualités de l'œuf et de celles du sperme, lesquelles se traduisent par les diverses proportions d'*azote* contenues dans les matières dont œufs et sperme sont formés. — L'œuf est-il à un degré inférieur d'azotation, le produit sera femelle. — L'élément mâle est représenté par la substance hydrocarbonée. — Dans les tempéraments sanguins, nerveux et bilieux, ainsi que dans leurs dérivés, c'est la substance azotée qui prédomine ; — dans les tempéraments lymphatiques et les constitutions débilitées, c'est la substance hydro-carbonée qui a le dessus ; — ce qui avait fait dire aux anciens que l'Homme était d'un tempérament *sec*, et la Femme d'un tempérament *humide ;* ils parlaient en général et avec raison.

Suivant d'autres observateurs, la détermination du sexe dépendrait du plus ou moins de

vigueur comparative des individus accouplés,
et le régime auquel on les soumettrait à l'avance
suffirait pour amener le résultat désiré : ainsi,
par exemple, on obtiendrait des enfants mâles
si l'Homme et la Femme observaient un régime
azoté.

« Le Dr Gourier estime que la bonne santé de
la Femme est la condition nécessaire pour
obtenir des produits mâles, surtout si l'Homme
est faible de constitution. C'est par suite de la
santé de la jeune mère, dit-il, ou de la jeune
fille, et de l'état neuf de leurs organes générateurs que la première naissance est souvent
mâle, tandis que la deuxième, au contraire,
est souvent femelle, à cause de la fatigue de
la gestation ou de la lactation précédentes. —
Si, dans ces circonstances, la santé de la mère
ne se relève pas, ou si le mâle ne s'affaiblit
pas, les pontes femelles continuent. — Mais au
bout d'un certain temps de mariage, il est bien
rare qu'un mari ne se soit pas retrempé, car il
a trouvé dans la couche nuptiale le calme et le
repos pour les jours passés. »

La *Mégalanthropogénésie* est une expression
qui signifie Art de procréer de grands hommes,
au sens moral et intellectuel. Cet art n'existe
pas plus que celui de créer les sexes à volonté ;
car si tout le monde était savant, on manquerait
de laboureurs. Il est prouvé, cependant, que

des dispositions purement morales se transmettent par hérédité.

Les diverses races se distinguent les unes des autres par certains caractères physiques, la conformation de la tête en particulier, ce qui veut dire, d'après la science anthropologique, que les individus dont le cerveau est le plus volumineux sont appelés à une intelligence plus développée. D'autre part, on n'a vu aucun des fils des hommes les plus illustres égaler son père. Combien de sots et de lâches viennent s'endormir sur les lauriers moissonnés par leurs vaillants aïeux? Qu'ils apportent donc autre chose que leurs écussons et leurs parchemins vermoulus. On sait quelle peine eurent à percer Caton l'ancien, Marius, Cicéron, à Rome. au milieu des orgueilleux patriciens. Comme dit Montaigne, la nature nous donnant des dispositions innées, à son gré, il n'est pas étonnant qu'il puisse naître un marmiton d'un duc et pair, comme un général d'un cordonnier, etc. Le sage Marc-Aurèle n'a-t-il pas engendré Commode, cet affreux tyran?...

Il est probable que, de même qu'il est possible d'obtenir des animaux ayant les qualités physiques recherchées, au moyen de croisements avec de beaux individus et de précautions spéciales, on pourrait obtenir des naissances humaines de qualités futures éminentes au moral comme au physique, si l'on savait ou pouvait choisir les facteurs les plus parfaits.

Nous revenons, plus loin, sur ces questions intéressantes.

§ 7. Fécondation artificielle de la Femme.

Nous n'avons pas à revenir sur la Fécondation artificielle, considérée dans les Plantes et chez les Animaux ; mais il convient de renvoyer le lecteur à ce chapitre, qui est comme une introduction à celui-ci.

La Fécondation artificielle de la Femme a été employée chez douze Femmes par le Dr Girault, qui avait été précédé dans cette pratique par Hunter, Gigon, Lesueur et Delaporte.

« Le procédé que j'ai employé avec succès, dit Girault, est des plus simples : il faut une sonde pourvue ou non d'un entonnoir, et une seringue à injection. On fait mettre la femme sur un lit ou sur un canapé comme si l'on allait appliquer un spéculum. L'opérateur remplit la seringue de sperme, introduit la sonde dans l'utérus en suivant l'indicateur de la main opposée, et pousse l'injection. Cependant, je préfère, dans la généralité des cas, introduire le sperme dans la sonde, placer celle-ci dans le col de l'utérus, et souffler avec la bouche, attendu que s'il y a peu de sperme, il peut rester

14

dans la seringue ; tandis que par l'insufflation, il faut que tout pénètre dans la matrice.

« En 1838, je fus consulté par le comte de L..., pour sa fille âgée de 23 ans, mariée depuis trois ans, et ayant un tel désir d'avoir un enfant, qu'elle menaçait de se livrer au premier venu afin d'avoir le bonheur d'être mère. Je l'examinai, je reconnus que le col de la matrice était mince, plus long que dans l'état normal, et que l'ouverture était étroite. Je pensai que ce motif pouvait empêcher la Fécondation, et je conseillai le cathétérisme tous les deux jours, avec une sonde de plus en plus grosse, pour dilater le canal. Ce moyen déplut promptement, et je conseillai la Fécondation artificielle, ce qui fut aussitôt accepté. Le mari âgé de 35 ans s'y refusait ; mais la volonté de la femme fit céder tout le monde, et le 27 avril je fis la première injection avec une sonde d'homme redressée et percée d'un trou à son extrémité. Après l'avoir lavée, je fis passer à l'intérieur une dissolution de gomme et je la remplis du sperme du mari ; la dame étant couchée sur le bord du lit comme pour l'introduction du spéculum, je portai l'indicateur gauche sur le col de l'utérus, de la main droite j'introduisis la sonde dans l'ouverture du col, et je soufflai avec ma bouche. Le soir même je fis partir les deux époux pour un voyage ; mais ils revinrent au bout de 20 jours, la dame ayant ses règles. Le 5 juin, les règles étant passées, je pratiquai de nouveau l'opération, et les époux allèrent passer cinq mois à Nice. La dame devint enceinte et accoucha le 1er mars 1839 d'un garçon bien constitué qui fut nourri par une Normande. Il suivait son père, dont les fonctions nécessitaient des changements de résidence. J'ai vu ce jeune homme en 1859 ; il commençait alors ses études de droit, et c'est aujourd'hui un avocat distingué.

« En 1839, je donnais mes soins à Mme L..., fille d'un receveur particulier, âgée de 25 ans ; le mari en avait 27. Elle était atteinte de blennorrhée : à une de mes visites elle me fit part de son chagrin de n'avoir pas d'enfants ; ce chagrin était partagé par toute sa famille, et surtout par son père. Mariée depuis cinq ans, elle était lymphatique, et affectée d'un écoulement muqueux de la matrice. J'aurais voulu obtenir la guérison de cet écoulement avant de procéder à une injection spermatique : mais en présence de l'impatience de la famille, je m'y décidai, avant d'avoir obtenu ce résultat. Le 23 octobre, quatre jours après la cessation des règles, je fis une injection spermatique dans l'utérus. Je conseillai un voyage que ma cliente ne voulut pas entreprendre. Les règles revinrent le 20 novembre, et je recommençai l'opération. Le résultat ne fut pas plus favorable que la première fois ; et nous fîmes un mois après une troisième opération. Mme L... devint grosse et accoucha le 15 septembre 1848 d'un beau garçon qui s'éleva très bien jusqu'à l'âge de 4 ans et demi. Il fut alors atteint du croup, et en mourut : la mère ne voulut plus tenter de nouvelle opération, disant que Dieu l'avait punie d'avoir fait un enfant avec une seringue. »

§ 8. Superfétation.

C'est la conception d'un second enfant, alors qu'un premier existait déjà dans l'utérus depuis quelque temps. Cette anomalie est très rarement observée chez la femme, parce que la matrice n'y est jamais bilobée, on peut dire. Cependant on la considère comme possible et l'on en cite les deux exemples que voici :

Marie Bigaud, 37 ans, accoucha à terme d'un garçon vivant, le 30 avril 1748. Cette couche fut si prompte qu'une heure après Marie se leva. Elle ne perdit qu'au moment de l'accouchement. Un quart d'heure après, elle sentit un mouvement réel se faire sentir dans la matrice ; les seins ne lui causaient aucun mal, aussi au bout de quinze jours fut-elle obligée de donner une nourrice à son enfant. Or, le 16 septembre de la même année, Marie Bigaud accoucha d'une fille vivante reconnue à terme. Cette fois elle perdit beaucoup à la suite de sa couche.

Autre exemple : Benoite Franquet, après avoir mis au monde une fille le 20 janvier 1780, accoucha trois mois après d'une seconde fille bien vivante (*Dict. des sc. méd.*).

La superfétation n'est pas contestée chez les animaux, car l'utérus s'y remarque bilobé très souvent.

Une grossesse double, triple même chez la femme s'explique facilement; un, deux, trois ovules même peuvent avoir subi en même temps l'influence fécondante du sperme, et chacun d'eux se développer avec ses propres annexes ou, plus souvent, tous les trois étant renfermés dans un amnios commun et n'ayant qu'un seul placenta. La superfétation au contraire, suppose que chaque fœtus est séparé et greffé à un placenta particulier; *quæ gemellos gestat, eadem dia parit, velut concipit;* et l'on ne comprend plus comment une seconde conception peut avoir lieu, des mois après la première en voie d'évolution, alors que l'utérus est occupé et que son entrée est fermée. Néanmoins, comme il y a là une question intéressant la fidélité de la Femme, le rare et singulier phénomène est reconnu possible par la science officielle.

14.

QUATRIÈME PARTIE

PERTURBATIONS PHYSIQUES ET MORALES

———

Célibat. — Onanisme. — Satyriasis. — Priapisme. — Hystérie. — Nymphomanie. — Érotomanie. — Impuissance. — Stérilité. — Aphrodisiaques. — Hermaphrodisme.

CHAPITRE I

Le Célibat.

Le célibat est l'âge d'une personne nubile qui vit sans s'engager dans le Mariage.

Chanté et célébré par les uns, attaqué, bafoué par le plus grand nombre, le Célibat a occupé les moralistes, les philosophes et les économistes.

C'est que si le Mariage est devenu, comme nous le verrons, dans toute société civilisée une condition suprême de santé, de régularité fonctionnelle, de protection mutuelle de l'Homme et de la Femme, le Célibat, au contraire, signifie égoïsme et tendances à l'affranchissement des règles de bienséance, des liens de fidélité conjugale.

Les partisans du Célibat vont jusqu'à prétendre que c'est l'état propre du génie : Platon, Anacréon, Lucrèce, Virgile, Horace, disent-ils, furent des célibataires ; Bacon, Gœthe, Lafontaine, etc., ne prirent épouse qu'après avoir produit leurs plus beaux ouvrages, etc. Le mariage, suivant eux, serait la condition sociale du commun des mortels ; telle est l'alternative : ou faire des œuvres de marque, de génie, ou se contenter d'engendrer des enfants et d'en accepter les charges.

Cela peut être spirituel et même receler un grain de vérité ; mais le Mariage, malgré les assauts qu'il essuie, non seulement de la part de ses antagonistes, mais encore de ceux qui en ont reconnu les avantages (car il est de mode de se moquer des maris), reste debout et demeure en honneur.

Vous dites, messieurs les détracteurs de l'hyménée, que le génie est célibataire. Si le génie est une névrose, presque une maladie, comme le prétend le Dr Moreau (de Tours), le mariage perd-il beaucoup à ne pas compter de ces hommes-là dans son giron ?

Quelques-uns vont jusqu'à invoquer l'opinion des princes de l'Église catholique, saint Paul en particulier, qui était et voulait rester célibataire. Le catholicisme, toutefois, a envisagé le Célibat sous un jour tout différent. Tout entier à sa foi et à sa sublime mission, saint Paul a pu dire à ses fidèles : « Je désire que vous soyez semblables à moi ; celui qui se marie fait bien (car il vaut mieux se marier que brûler), mais celui qui ne se marie pas fait encore mieux. » Nos célibataires comprennent-ils à la façon de saint Paul la vie en dehors du mariage ?

Pris au sérieux, c'est-à-dire avec abstinence absolue de rapports sexuels, certainement, le Célibat peut devenir la source d'une foule de maladies ; mais encore a-t-on singulièrement exagéré ses méfaits. S'il n'est pas strictement observé, il n'est qu'une hypocrisie, un manteau qui cache un fond d'immoralité. A ce double point de vue, il est condamnable de par la physiologie et la morale.

Nous verrons bientôt ce qu'il faut penser du Célibat imposé aux ministres de la religion catholique.

Ce chapitre sera divisé de la manière suivante : 1° le célibat est nuisible à l'individu ; 2° le Célibat est nuisible à la morale et à la société ; 3° le Célibat religieux ; 4° le Célibat

mène à l'onanisme, au satyriasis, au priapisme,
à l'hystérie et à la monomanie érotique.

§ 1. Le célibat est nuisible à l'individu.

Tout être animé obéit fatalement aux lois de
sa nature : il se nourrit; il mange, il digère;
puis il éprouve le besoin de la défécation, qui
est aussi obligatoire que celui de prendre des
aliments; ses reins sécrètent de l'urine, qui
s'accumule dans la vessie; et celle-ci, quand
elle est remplie, fait sentir le besoin de l'excrétion, il faut y obéir.

De même s'il s'agit des fonctions de l'appareil génital; elles doivent s'exécuter selon le
vœu de la Nature, sous peine, pour l'individu,
de voir survenir des troubles plus ou moins
graves, soit du côté de cet appareil ou de la santé
générale.

Il est vrai qu'en ce qui concerne les fonctions
génitales chez l'Homme, la nature peut d'elle-
même donner cours au produit de la sécrétion
testiculaire, ce qui a lieu le plus souvent pendant le sommeil; par ainsi la rétention forcée du
fluide spermatique dans ses canaux et réservoir
est évitée. Bien plus, dans les cas où il ne se produit pas de pollutions spontanées, par suite d'un
travail de résorption, le sperme sécrété repasse
dans le torrent circulatoire, et alors le feu de

la concupiscence ne s'en montre que plus
ardent, et le combat entre la volonté de résistance, d'un côté, et l'aiguillon des sens de l'autre
n'en devient que plus dangereux.

Il se peut qu'une forte contention d'esprit,
des exercices corporels fatigants, des principes
religieux sévères, affaiblissent l'instinct génésique pour un temps indéterminé ; mais tôt ou
tard, la nature reprend ses droits. La réplétion
des canaux spermatiques, la résorption du fluide
qu'ils contiennent, agissent comme une sorte de
ferment, et cela imprime à l'individu une vie, une
vivacité et une agitation qui troublent le calme
habituel de son âme. Ajoutons même qu'une
odeur particulière s'exhale de son économie.

Zimmermann dit que les effets de l'abondance
de la liqueur séminale ressemblent à ceux de
son épuisement, mais cela ne peut avoir lieu
qu'après de longues années de continence, alors
que la constitution tout entière s'engage dans
la lutte et y perd des points.

On a prétendu qu'en Angleterre, sur vingt
personnes qu'un *tædium vitæ* portait au suicide, plus de la moitié se composait de célibataires. Ceux-ci, au surplus — c'est une remarque
qui a été faite partout — payent à la mort un
impôt proportionnellement plus fort que les
hommes mariés.

D'après les statistiques les mieux établies, il

résulte que parmi les célibataires de 25 à 45 ans la mortalité est de 28 pour 100, dans un laps de temps donné, tandis que parmi les hommes mariés du même âge elle n'est que de 18 pour 100. A 60 ans, sur un nombre de 100 individus, il ne reste en vie que 22 célibataires contre 48 hommes mariés.

Les registres de décès de plusieurs capitales montrent que sur 100 suicides on compte 67 célibataires. Quant aux statistiques criminelles, il y a 62 célibataires sur 100 prévenus.

Baglivi affirme que, toutes circonstances égales d'ailleurs, les maladies des personnes chastes prennent un caractère plus grave que celles des personnes mariées. Nous n'avons pas observé des faits qui confirment cette dernière attestation, bien que nous soyons depuis plus de 30 ans médecin d'un établissement hospitalier, exclusivement destiné aux prêtres. Il est vrai que les pensionnaires ont généralement atteint l'âge où les fonctions génératrices sont bien affaiblies. J'ajouterai cependant que j'ai vu un prêtre dont la chasteté était absolue et qui, ayant eu à lutter toute sa vie, a fini par mourir lentement d'une éruption générale chronique d'eczéma et de pustules.

Bien que les Femmes ne sécrètent pas de liqueur séminale, les rapports sexuels ne laissent pas de les débarrasser d'un excès de fluides propre à faire taire les impulsions de l'instinct génésique. Elles ressentent, dans le Célibat, de plus nombreuses indispositions que l'Homme, à cause de la complexité de l'appareil génital, et surtout de leur plus grande impressionnabilité. Ces indispositions, ou plutôt ces maladies consistent dans l'irrégularité ou la suspension des menstrues, dans les flueurs blanches, le cancer de la matrice, les maux de nerfs, la chlorose, etc., sans compter l'hystérie, la nymphomanie, auxquelles nous consacrons plus loin un article spécial.

On prétend que peu de filles parviennent à un âge avancé. Après avoir parlé des maladies auxquelles les vierges sont sujettes, Hippocrate leur recommande de se marier le plus tôt possible. Mais la vérité est qu'on à beaucoup exagéré la gravité et la fréquence des troubles occasionnés, chez les Femmes célibataires, par la privation des jouissances des sens; si l'on disait des jouissances platoniques, on aurait plutôt raison, car la Femme vierge souffre, non pas de sa chasteté, qu'elle supporte mieux que l'Homme, mais de ne pas aimer ou de n'être pas aimée, à moins que l'amour divin n'occupe dans son cœur la place du sentiment génital que la nature y a déposé.

§ 2. **Le Célibat est nuisible à la morale et à la santé.**

Arrivé à l'âge nubile, l'Homme est attiré vers la Femme par un penchant irrésistible. Il n'y a d'exceptions à cette loi que parmi les célibataires ou les religieux dont l'esprit est fortement occupé de pratiques de dévotion ou d'étude des dogmes divins.

Donc lorsque vivant dans le monde, l'Homme ne contracte pas mariage, c'est qu'il est mû par un esprit d'égoïsme ou par un système de conduite peu morale. Ce sont ces deux considérations qui, chez les Hébreux, ont fait regarder le Célibat et la Stérilité comme une sorte d'opprobre.

L'abandon du Mariage est un signe de démoralisation. L'institution courait les plus grands périls chez les Romains, lorsque Auguste, dans sa vieillesse, fit une série de lois pour la remettre en honneur. Il était trop tard, le peuple était corrompu et la décadence commençait.

Montesquieu a dit : « Moins il y a de gens mariés, moins il y a de fidélité dans les Mariages. » Le Célibat est donc un danger pour les mœurs.

Au point de vue social, le Célibat n'a pas de moins grands inconvénients. Marc (*Dict. des Sc. méd.*) nous dit que sur 100 célibataires mâles,

il en est 10 au plus dont le congrès soit fécond.
La stérilité des Femmes célibataires est bien
plus grande encore. Si l'on porte le nombre
d'enfants qui naissent dans le mariage à celui
de 4, dans un espace de 25 à 30 années, durée
commune de la fécondité féminine, 100 célibataires auront frustré la société de 360 citoyens.
Est-il guerre meurtrière, dont les effets, funestes
pour la population, puissent être comparés à
ce résultat ?

Ce n'est pas tout, l'éloignement des Hommes
pour l'union conjugale favorise les Mariages
tardifs et les unions disproportionnées d'âge.
Or, les premiers sont très souvent stériles et les
seconds produisent des fruits de moins bonne
qualité, ainsi que nous le verrons, en parlant du
Mariage entre jeune Femme et vieil Homme.

Le Célibat provoque l'Homme et la Femme à
l'onanisme ; il est une cause puissante de satyriasis et de priapisme pour le premier, d'hystérie et de nymphomanie pour la seconde. —
Consacrons quelques lignes à ces habitudes
vicieuses et à ces états morbides.

§ 3. Célibat clérical ou religieux.

Voici une question qui soulève bien des controverses. Le monde voit dans le Célibat religieux une atteinte grave portée aux lois de la

nature et une source de maux pour ceux qui font vœu de chasteté.

Quand on considère que tous les êtres vivants, les Végétaux aussi bien que les Animaux, obéissent à l'attraction d'amour sexuel, on est enclin à répéter avec Montaigne : « Qu'a donc fait aux Hommes l'action génitale, si naturelle et si nécessaire, pour la proscrire et la fuir, pour n'oser en parler sans vergogne et pour l'exclure des conversations ? On prononce hardiment les mots tuer, voler, trahir, commettre un adultère, etc., et l'acte qui donne la vie à un être, on n'ose le prononcer ! O fausse honte ! ô honte, hypocrisie ! »

L'auteur de ces paroles se trompe. Ce n'est ni par fausse chasteté, ni par hypocrisie, que la si grande réserve qu'il blâme est gardée. L'instinct de reproduction, les ardeurs de la jeunesse, toujours prêts à déborder, ne doivent pas être surexcités par des conversations qui n'auraient aucune utilité, à moins qu'elles ne fussent basées sur un besoin respectueux d'éducation physiologique et d'admiration pour les œuvres du Créateur. « Le pouvoir générateur, a dit avec éloquence le P. Monsabré, dans une de ses conférences à Notre-Dame, le pouvoir générateur, dont il ne faudrait parler qu'avec le plus profond respect, est le trait suprême de la beauté physique du corps humain. »

Nous n'avons pas à apprécier les motifs qui ont fait imposer le Célibat aux Hommes et aux Femmes qui s'engagent dans les ordres religieux, et nous ne dirons pas non plus qu'il semble que l'instinct qui porte les sexes à s'unir profane à leurs yeux le caractère religieux. Mais ce que nous croyons pouvoir affirmer, c'est qu'en général on a beaucoup exagéré les dangers de la *continence*, et que celle-ci, en ce qui concerne les prêtres catholiques, par exemple, est mieux observée, supportée avec plus de force et de vertu que ne le croit le monde. Et puis, ceux qui vivent dans le mariage, ceux surtout qui n'y trouvent pas toutes les jouissances et en recherchent toujours de nouvelles, sont-ils compétents pour juger la question?

Il fut un temps, sans doute, où, par suite d'une ferveur religieuse, dégénérée en fanatisme ou par de vils motifs d'intérêts de familles, les cadets étaient voués, dès leur berceau, à la vie monastique. Assurément, ce n'était pas là le moyen de faire des prêtres ayant une véritable vocation : aussi le pape Clément III s'éleva-t-il contre ces mœurs et coutumes.

D'un autre côté, il est certain qu'un grand nombre d'Hommes et de Femmes, doués d'un tempérament ardent, ont embrassé la vie monastique par suite de déception ou de fanatisme, et succombent dans une lutte de chaque jour. Bien des individus des deux sexes, dans nos couvents , paient encore de leur vie une abstinence dont ils ignoraient les dangers au moment de leurs vœux , et qui est devenue impossible à leur tempérament.

La privation des rapports sexuels, soit que le physique en souffre plus que le moral, ou *vice versa*, peut troubler l'esprit, surexciter les sens, réagir sur les facultés morales et intellectuelles, faire naître des hallucinations érotiques, toutes sortes de désordres de l'imagination et finalement conduire à la folie, à l'état convulsionnaire extatique et même à la mort. Cela est certain.

Mais il n'est pas moins vrai, d'autre part, qu'à notre époque la grande majorité des Hommes et des Femmes engagés dans les ordres ou les vœux religieux, soutiennent avec courage et non sans succès les combats que leur livrent les sens. Qu'ils y réfléchissent un instant, messieurs les amateurs de plaisirs illicites et de liberté licencieuse, ils comprendront bien vite qu'il est tout simple, tout naturel qu'il en soit ainsi.

En effet, comment se recrute le clergé ? Parmi ces pauvres enfants de la campagne qui, montrant le plus de dispositions pour apprendre et se bien conduire, sont remarqués du curé, lequel s'en occupe particulièrement, leur apprend à servir la messe, leur met dans les mains des livres de piété et plus tard les fait entrer au petit séminaire. Ces enfants grandissent ainsi dans un milieu tout spécial qui ne ressemble en rien à celui où s'agite le monde. Certes, l'aiguillon de l'instinct génital n'est pas sans se faire sentir quelquefois; mais quoi! la prière, les exercices religieux, les études de latinité, plus tard l'interprétation des dogmes de la religion ne leur laissent pas le temps, pour ainsi dire, d'y être sensibles.

D'ailleurs, physiologiquement parlant, ne sait-on pas que l'activité des organes s'émousse lorsqu'elle n'est pas mise en exercice? Ces jeunes gens ne sont donc pas aussi tourmentés qu'on le pense par les idées d'amour et la révolte des sens?

Quand ils sont prêtres et qu'ils ont charge d'âmes, c'est alors, pour eux, le temps le plus difficile : le contact du monde, les révélations du confessionnal, assaillent leurs sens et leur cœur de provocations qui sont d'autant plus terribles qu'ils sont à l'âge où l'instinct génital est à sa plus haute puissance. Et pourtant ils restent fermes; d'ailleurs des nécessités de situation et la crainte du scandale, indépendamment de leurs occupations sérieuses et multipliées, maintiennent dans le devoir ceux qui ont le malheur de n'être pas retenus par une foi sincère.

Sans doute quelques-uns, plusieurs si l'on veut, succombent (a-t-on prétendu jamais qu'il n'y avait pas de mauvais prêtres), mais, encore une fois, l'immense majorité résiste. Il est même des sujets, à tempérament ardent qui en meurent. Est-ce bien, est-ce mal, est-ce logique ou absurde, est-ce là ce qui est le plus agréable à Dieu ? Nous n'avons pas à nous prononcer sur ce point : nous constatons, voilà tout.

Ajoutons ceci : le temps des épreuves n'a d'ailleurs qu'une durée limitée ; les fonctions de l'appareil génital ne sont pas de nécessité pour l'intégrité des autres ; et puis, ces fonctions ne se donnent-elles pas satisfaction d'elles-mêmes et malgré la volonté de l'individu, par des émissions, plus ou moins fréquentes, de la liqueur séminale ? Ajoutons encore que le défaut d'exercice et les années aidant, font entrer prématurément les organes des sens dans une espèce de sommeil dont ils ne sortent plus.

Rappelons enfin que l'âge requis pour entrer dans les ordres de la prêtrise est fixé à 24 ans ; qu'à cette période de la vie on peut déjà décider si l'accord entre le physique et le moral est assez solidement établi, pour qu'on puisse obéir à la vocation que l'on croit avoir. Très souvent, hélas ! cette prétendue connaissance de soi-même est trompeuse, car l'énergie des organes se réveille souvent terrible plus tard. Aussi les lois de Charlemagne avaient-elles établi l'âge de 40 ans pour les Hommes et 32 pour les Femmes. Avant ce grand législateur, saint Léon ne voulut pas que les filles prissent le voile avant 40 ans. C'est à 20 ans que, de nos jours, elles sont admises à faire leurs vœux.

« Il est constant, selon nous, que le commerce des sexes ne constitue pas un besoin qui ne puisse être réfréné sans péril, et que les sollicitations si vives qui partent du sens génital n'ont pour but que d'assurer la perpétuité de l'espèce par l'attrait du plaisir ».

« Celui qui caresse des idées lubriques ou qui se plaît à la contemplation d'images capables de surexciter le sens génital, celui-là sécrétera de la liqueur séminale en grande quantité.

« Au contraire, celui dont l'esprit sera tendu vers des objets sérieux, qui concentrera, par exemple, ses facultés intellectuelles sur des études abstraites, celui-là fournira, dans un temps donné, une quantité de sperme bien moins considérable que le premier. Celui-ci sera libre de toutes suggestions de la part des organismes génitaux, celui-là en sera obsédé, tyrannisé ».

La *Continence* rigoureusement observée , nous l'avons dit, peut entrainer des maladies extrêmement graves et conduire à la mort. Dans ces cas, heureusement rares, le mariage est conseillé aux personnes libres de s'y engager , et les médecins considèrent qu'il est de leur devoir de déclarer à celles qui veulent rester dans le Célibat, malgré les avertissements de la nature, que donner satisfaction aux fonctions de génération constitue le seul moyen de les sauver.

Toutefois, le conseil est délicat vis-à-vis du prêtre. Burdach cite l'exemple « d'un jeune ecclésiastique, rigide observateur de ses vœux et dont les lectures ascétiques avaient achevé de troubler l'intelligence ; il tomba dans la mélancolie, prit en horreur les Hommes et lui-même, et entra plus d'une fois dans des accès de fureur ; après avoir suspendu l'effet d'une pollution nocturne, il eut des visions de Femmes entourées d'une auréole électrique ; bientôt il se crut possédé du diable, s'imagina être Achille, Alexandre, Henri IV, et ne recouvra la santé qu'après l'accomplissement de l'acte vénérien ».

Certes ! voilà un cas où, au point de vue médical, et abstraction faite de toute doctrine philosophique, on a eu raison de faire violence au précepte que nous recommandons, d'user avant tout des ressources médicatrices que fournit le culte de la morale, des sciences, de l'hygiène.

Un médecin casuiste, le père Debreyne, a proposé ces moyens : « Si ces sortes de pensées (les pensées *déshonnétes*), devenues très importunes, sont le produit d'une imagination légère et mobile, ou de certains souvenirs qui se retracent vivement dans la mémoire, on s'appliquera à y faire diversion en forçant l'esprit par quelque travail intellectuel sérieux, appliquant, ou un calcul difficile et compliqué qui absorbe toute l'attention, etc... Si les mauvaises pensées proviennent d'un tempérament érotique ou d'une pléthore spermatique, les meilleurs moyens seront ceux tirés de l'hygiène physique et morale ; la pratique de la tempérance, d'une exacte sobriété, le travail manuel, l'exercice corporel, une occupation matérielle ou mécanique incessante, la fatigue, quelquefois même la chasse, qui, dans certains cas, a produit les meilleurs et les plus étonnants effets. Diane, comme on sait, est l'ennemie née et naturelle de Vénus. Un exercice violent étouffe les sentiments érotiques, en faisant naitre des sensations plus impérieuses encore, comme une faim excessive, avec une propension irrésistible au repos physique ».

Nous savons que certains breuvages, le *nénufar*, par exemple, ont été vantés et employés dans les couvents comme de puissants réfrigérents, pour réprimer les impulsions de l'instinct génital. L'*agnus castus* était aussi un anaphrodisiaque en réputation, ainsi que le *nitre*, le *camphre*, etc.; mais on a reconnu le peu d'action de ces substances, à moins d'un usage exagéré et suivi, cas auxquels il faudrait admettre celui du *café*, du *tabac*, etc., etc.

La *saignée* elle-même, répétée de temps à autre ou périodiquement, est un moyen qui a été mis en usage dans certains couvents d'hommes et de femmes retenus par leurs vœux de chasteté.

§ 4. Le Célibat conduit à l'Onanisme.

L'*Onanisme* est l'excitation des organes génitaux et la recherche de la sensation vénérienne en dehors des rapports normaux. Ce nom est formé de celui d'Onan, personnage biblique à qui est attribuée cette habitude vicieuse. L'Onanisme est assez commun chez les enfants et les adolescents de l'un et l'autre sexe, surtout dans les pensions; il n'est pas étranger aux adultes, principalement chez ceux qui ont peu de goût pour le mariage. Il produit des effets pernicieux, non pas tant par la perte du fluide séminal, qui n'existe d'ailleurs pas chez les enfants et les Femmes, que par l'excitation nerveuse spéciale, l'éréthisme, l'irritation des organes génitaux qu'il entretient et qui troublent plus ou moins profondément les fonctions nutritives et les fonctions nerveuses normales.

L'Onanisme produit la maigreur générale, en dépit de l'appétit qui persiste; la pâleur de la face, avec une sorte de cercle bleuâtre autour des yeux; l'altération des traits, la susceptibilité nerveuse, la paresse intellectuelle, l'inaptitude au travail; un penchant à la mélancolie, à la dissimulation, à la recherche de la solitude; une expression particulière de la physionomie; une sorte de propension à fuir les regards des autres hommes.

Ce n'est pas tout : plus tard l'Onanisme détermine chez les Hommes adultes la *Spermatorrhée* (V. ce mot), des pollutions nocturnes et même diurnes, avec tous les accidents qui les accompagnent. Cependant on a exagéré les conséquences funestes de cette honteuse habitude : elle est si commune, en effet, que, si l'on avait dit vrai, les générations seraient en pleine décadence, au double point de vue de la santé individuelle et de la Fécondité en général.

Néanmoins, les effets de l'Onanisme n'en sont pas moins fâcheux sur l'état physique et moral des enfants, voire même des adultes. Pour citer un seul exemple, le poète Malfilâtre est mort épuisé et victime des plus tristes caprices de la passion solitaire.

« Il a raconté à un de ses amis, dans les dernières circonstances de sa vie, qu'il ne manquait jamais d'aller le dimanche, le lundi et le jeudi aux jolies fêtes du Ranelagh, à Passy ; que là il recueillait avec avidité les plus gracieux types féminins qu'il pouvait remarquer, qu'il en analysait les perfections en poète d'une imagination antique, puis, qu'en les rassemblant, il en composait un être idéal avec lequel toutes ses forces s'épuisaient. C'était une hallucination qui n'avait de terme que dans l'extrême syncope. Malfilâtre a reconnu que la manie qui causait sa mort était plus puissante que sa volonté. » (H. Fournier.)

Les masturbateurs doivent être soumis à une surveillance incessante ; il faut les fatiguer le jour par des exercices corporels, et les faire sortir du lit de bonne heure. Les voyages, la chasse, les bains froids, les distractions sont des moyens qu'il ne faut pas négliger. On est obligé quelquefois, pour certains enfants ou aliénés, d'employer la camisole, des bandages qui soustraient les organes génitaux à toute possibilité d'attouchement ; mais les coupables savent éluder ces obstacles, d'autant que leurs organes sont tellement excitables que le moindre frottement des vêtements, réveille les sensations voluptueuses tant recherchées.

L'Onanisme, chez le sexe féminin, n'est autre chose que ce que nous venons d'exposer. Petite enfant, jeune fille, femme adulte même con-

tractent très souvent l'habitude de se *toucher*,
de se frotter les parties externes de la génération (le clitoris est le siège spécial de ces attouchements) pour se procurer des plaisirs voluptueux.

Déjà illicites, contraires aux vœux de la
nature, ces plaisirs revêtent un caractère igno-
ble, crapuleux, lorsque la Femme recherche
la Femme et l'excite à pratiquer l'*Onanisme à
deux* par le moyen de frictions mutuelles, dont
la seule pensée révolte l'imagination et le cœur
de ceux chez qui la morale n'a pas perdu tous
ses droits.

On donne à ces femmes débauchées le nom
de *Tribades.*

Le vice de *Tribadie* était beaucoup plus fréquent, autrefois, que de nos jours. Il se rencontre principalement chez les Femmes dont
le clitoris est très développé, et qui font de cet
organe un usage comparable à celui du pénis
chez l'Homme.

Ces sortes de Femmes-Hommes ont des passions d'un genre particulier; elles ont des maî-
tresses, et s'en montrent très jalouses.

Le vice de la masturbation dérive souvent des
premières habitudes d'excitation du clitoris et
du développement de cet organe, qui est en
même temps le siège et l'agent provocateur
des jouissances voluptueuses illicites. Aussi

son amputation a-t-elle pu ramener la femme à ses instincts naturels.

Lucien, Juvénal, Célius Aurélianus, racontent plusieurs histoires de Tribades, de ces femmes licencieuses et sans moralité, qu'ils appellent encore *titilleuses, frotteuses, gratteuses;* une des plus originales est la suivante :

« Un proconsul marié à une femme à long clitoris, dont la stérilité et l'indifférence à ses caresses le désespéraient, la surprit un jour, dans un appartement retiré de la maison, toute nue et jouant à l'Homme avec ses esclaves femelles, également nues. Le Romain furieux enfonça la porte, saisit sa femme, et du tranchant de son poignard lui abattit le clitoris. — De ce moment, la tribade perdit complètement ses goûts contre-nature, redevint Femme, aima son mari et lui donna plusieurs enfants. »

Nous ne garantissons pas l'authenticité du fait. Malgré le côté moral du résultat final, c'est avec regret que nous le rapportons, car ce sont de ces histoires, — peut-être de ces contes, — qui agitent et troublent les esprits plus qu'ils ne procurent d'instruction et n'inspirent de sagesse.

Satyriasis. — On donne ce nom à un penchant dominateur, irrésistible, insatiable de l'Homme, à exercer l'acte vénérien, avec érection presque continuelle. Cet état se distingue

du *Priapisme*, qui, lui, ne s'accompagne pas
d'un désir prononcé du rapprochement sexuel.
Les deux dénominations, toutefois, sont souvent
employées comme synonymes.

Quoi qu'il en soit, le Satyriasis est à l'Homme
ce qu'est la Nymphomanie à la Femme : au
fond, c'est la manifestation d'une disposition
très prononcée à l'acte copulateur. Certainement c'est un état maladif; il résulte souvent
d'une continence trop rigoureuse, comme aussi
de l'ingestion de substances aphrodisiaques ;
quelquefois, enfin, il se rattache comme symp-
tôme, à une affection cérébrale.

Le Satyriasis s'accompagne ordinairement
d'accès de délire érotique, qui se calment et
reviennent spontanément ou sous l'influence de
la moindre circonstance excitante; souvent la
perturbation aboutit à la manie et même à la
démence.

Cette Affection est très rare chez un homme
vivant dans le mariage; cela se conçoit. Elle ne
frappe guère que les célibataires, surtout ceux
qui, épuisés prématurément, ont recours aux
aphrodisiaques violents dans le but de se procurer comme un regain de puissance virile.
Hélas! certains Hommes, dans le mariage, ne
sont pas exempts de ce fâcheux préjugé qui
veut qu'ils se montrent jouteurs intrépides; on
en voit donc qui, usant imprudemment des can-

tharides, sont portés à l'accomplissement de l'acte vénérien avec une sorte de fureur et à le répéter jusqu'à production des plus graves désordres inflammatoires du côté des organes génito-urinaires.

Le Satyriasique doit être traité par les bains, les boissons émollientes ou tempérantes, la saignée, les lotions froides, les bains de mer, les distractions, et surtout par l'éloignement de la cause, si elle est connue.

Le mariage serait conseillé au célibataire malade de cette sorte, s'il était reconnu, par les hommes compétents, exempt de toute atteinte du côté des facultés morales et intellectuelles. Les anaphrodisiaques, connus sous le nom de grattilier, nénuphar, verveine, etc., vantés autrefois, seraient sans effet. (V. *Impuissance.*)

PRIAPISME. — C'est un état particulier de l'économie dans lequel il y a érection continuelle de la verge avec sentiment d'ardeur brûlante, sans désir de l'acte vénérien. Ce dernier trait marque la différence qui existe entre cette affection et le Satyriasis, dont il vient d'être parlé. Le Priapisme diffère encore de celui-ci en ce qu'il est rarement idiopathique, c'est-à-dire indépendant d'une affection préexistante ; presque toujours il se montre symptomatique soit d'une inflammation du pénis ou de quelque organe environnant (vessie, pierre, etc.), soit d'une action toxique due à l'ingestion de cantharides.

Un homme âgé de trente-deux ans, affecté d'hypochondrie, recherche la main d'une jeune personne très jolie. La veille de son mariage il se persuade qu'il est impuissant, et plusieurs nuits d'un calme absolu le confirment dans cette idée. Il se décide alors à prendre 2 grains de cantharide introduits dans du chocolat : même silence des organes. Il porte la dose à 4 puis à 6 en vingt-quatre heures, mais il survient un vrai priapisme, qui fut dissipé, au bout de deux jours, par des bains presque froids et de copieuses libations d'orgeat. Cet accident lui prouva que ses craintes n'étaient pas fondées et bientôt la nature recouvra ses droits. (*Dict. des Sciences médicales.*)

Le Priapisme est donc une névrose locale et, comme tel, plus facile à guérir que le Satyriasis qui, lui, dépend presque toujours d'une affection cérébrale et constitue une sorte de monomanie, l'*Érotomanie.*

Hystérie. — Maladie propre au sexe féminin, caractérisée par des troubles complexes du système nerveux, de la vie de relation, de la vie organique, depuis les plus légers spasmes, vapeurs, idées tristes, pleurs ou rires sans sujet, jusqu'aux convulsions cloniques, revenant sous forme d'attaques périodiques, et jusqu'à la paralysie plus ou moins étendue du sentiment et du mouvement. C'est un état maladif tout à fait protéiforme. Certaines impatiences, les agacements de nerfs, les bizarreries de caractère, les palpitations, les spasmes, l'extase, etc., en sont des formes adoucies.

L'Hystérie est souvent annoncée, dans ses attaques, par la sensation d'une boule qui part de la région utérine pour se porter à la gorge, en s'accompagnant de constriction à la poitrine et à l'épigastre.

Impossible de décrire, en quelques lignes, les symptômes multiformes de l'Hystérie? Contentons-nous de dire que la maladie se montre sous deux formes principales assez distinctes : la forme essentiellement nerveuse, celle à laquelle se rapporte ce qui vient d'être dit, et la forme convulsive proprement dite.

Dans cette dernière, les attaques sont annoncées plus spécialement par de la céphalalgie, des éblouissements, des mouvements involontaires du globe de l'œil et des paupières, le trouble de la vue, avec tintements d'oreilles, propos incohérents, cris, pleurs sans motif, éructations, contractions musculaires douloureuses; puis enfin dans les cas intenses chute à terre, précédée ou accompagnée d'un cri particulier, avec tuméfaction de la face, suffocation et étranglement, déglutition impossible, renversement du corps en arrière, parfois immobilité cataleptique, etc.

L'attaque se termine au bout d'un quart d'heure ou d'une demi-heure, plus ou moins, soit par des éructations, des pandiculations, soit par un état syncopal, extatique, laissant, après elle une grande fatigue ou de l'anesthésie (paralysie du sentiment) plus ou moins étendue.

L'Hystérie reconnaît pour causes : d'abord le tempérament nerveux et l'époque de la puberté, qui ne sont que des prédispositions ; puis certains troubles ou excitations des sensations génésiques; la privation des jouissances vénériennes après qu'elles ont été goûtées. Au point de vue platonique, les religieuses, les femmes dévotes, celles aux sentiments amoureux déçus, sont souvent prises d'hystérie à forme d'extase érotique.

Qu'on se rappelle les « *possédées* du couvent des Ursulines de Loudun ». Ce n'était là qu'une épidémie mentale, singulière à la vérité, dont on accusa le curé Urbin Grandier d'être l'instigateur par son commerce supposé avec le Diable, ce qui lui valut d'être brûlé vif (1634).

Quant au traitement, ce sont les voyages et les distractions, les exercices corporels, l'hydrothérapie, les antispasmodiques (valériane, assa fœtida, bromures, etc.), les calmants et les opiacés (opium, sirop de morphine), les bains de mer, etc., qu'il faut conseiller. Le mariage, quand surtout le futur est aimé, devient le meilleur remède à l'hystérie de forme vaporeuse, hypochondriaque ou même convulsive; contracté dans des conditions opposées, le mariage ne pourrait qu'aggraver la maladie. Combien de jeunes filles qui, sacrifiées à des vieillards, passent par tous les degrés des troubles nerveux appartenant à l'Hystérie!...

Dans aucun cas, d'ailleurs, il ne faudrait songer à marier la personne dont l'état moral et l'intelligence seraient lésés.

NYMPHOMANIE.—ÉROTOMANIE.—Ces expressions s'appliquent au délire érotique : la première au délire de la Femme; la seconde au trouble du sens génésique, sans distinction de sexe. Expliquons-nous.

La *Nymphomanie* est une forme particulière de monomanie chez la Femme, ayant pour caractère un penchant violent, irrésistible, à l'acte vénérien, pouvant aller jusqu'à une manifestation par des gestes et propos obscènes. Son siège est dans l'appareil génital et sa nature est plutôt inflammatoire que nerveuse.

L'*Érotomanie* serait, suivant certains auteurs, un délire amoureux sans appétits physiques. Mais ce genre de folie platonique existe-t-il? Nous ne le pensons pas. Les érotomanes sont tout simplement des aliénés chez lesquels les appétits sexuels, quoique très développés, ne le sont pas assez pour les entraîner à des actes obscènes. L'Érotomanie n'est pas une forme, mais un degré dans les troubles nervoso-érotiques qui se rencontrent dans la Nymphomanie, le Priapisme et le Satyriasis.

La Nymphomanie, encore dénommée *Fureur utérine*, présente trois degrés : dans le premier, il n'existe qu'une disposition à cette maladie, le spasme de l'utérus, encore peu prononcé, ne réagit que faiblement sur les facultés intellectuelles.

Dans le second degré, le désordre physique l'emporte sur la volonté obsédée par les écarts d'une imagination qui retrace les images les plus voluptueuses. Cependant, sur tous les autres sujets, le jugement et la raison conservent leur empire.

Le troisième degré est caractérisé par un trouble des organes génitaux tel qu'il réagit sur le cerveau au point de déterminer une aliénation complète, une sorte de délire exclusif relatif aux rapports sexuels.

L'affection a une marche tantôt lente, tantôt soudaine, avec rémissions durant lesquelles la malade s'efforce de repousser les incitations organiques. Elle conserve encore un reste de pudeur ; mais sa volonté et sa raison finissent par succomber, et alors, dégagée de tout frein, elle se livre sans réserve à toute l'ardeur de son imagination et de ses sens, recherchant et provoquant aux lectures et aux conversations obscènes. A la vue d'un Homme, tout son être s'agite, ses yeux sont étincelants, un feu dévorant semble la consumer, et elle provoque cet homme, — quel qu'il soit, — par ses regards et ses attitudes libidineuses à satisfaire ses désirs. S'il résiste, elle a recours aux menaces et même aux actes de violence. Le délire est à son comble. C'est la folie et l'irresponsabilité. Mauget parle d'une jeune fille noble et très honnête, qui, en proie à la Nymphomanie, *homines et canes ipsos ad congressum provocabat.*

L'Hystérie s'allie souvent à la Fureur utérine. On peut en dire autant de la mélancolie avec penchant au suicide : « Mlle L..., née dans l'aisance, fut élevée dans les principes religieux les plus rigides; à l'âge de 16 ans, elle devint nymphomane et se fit prostituer *gratis.* Deux ans après, de désespoir, elle mit un terme à son existence. » (*Dict. des Sc. médic.*)

« Une jeune fille, déjà nubile et menant une vie désœuvrée, conçut, contre le gré de ses parents, une inclination. Bientôt elle passe les nuits dans des songes pénibles, vocifère le jour et tient des propos lascifs et décousus, au point de paraître aliénée. A la vue des hommes, elle se précipitait sur eux et les suppliait de se livrer avec elle aux assauts amoureux. Une fièvre continue se déclara et elle mourut. Tous les viscères étaient sains, excepté l'utérus, dont l'inflammation s'étendait jusqu'aux trompes et aux ovaires. »

Tous les livres similaires de ce genre de littérature rapportent l'histoire de cette jeune fille de famille, nymphomane, pour laquelle Alibert fut consulté. Ayant compris le sens de la consultation, ordonnant le mariage, elle s'échappa de la maison paternelle. Un soir le docteur traversant à pied un carrefour de la capitale, reconnut sa jeune malade, qui, comme on dit à présent, faisait le trottoir. Que faites-vous-là, malheureuse? Je suis votre ordonnance, je me guéris, répondit-elle. En effet, un mois après, *lassata* et *satiata*, elle rentra chez ses parents, guérie. Un prompt mariage ensevelit dans l'ombre la honte de son escapade.

L'*Érotomanie*, répétons-le, diffère de la Nymphomanie en ce qu'elle a son point de départ, non dans l'utérus et ses annexes, mais dans le cerveau. L'imagination seule est lésée dans cette maladie. L'Érotomane, n'importe le sexe, ne raisonne nullement son culte; il ne tient aucun compte de la différence de fortune, de rang : sa passion l'entraîne, lui enlève le libre arbitre jusqu'à lui faire commettre des actes justiciables des tribunaux. Ferraud, âgé de 18 ans, éperdument épris d'une jeune fille, qu'il ne pouvait épouser à cause de la volonté contraire de ses parents, résolut de mourir avec son amante, qui y consentit. Ils se rendirent ensemble à la campagne, et, sur son ordre, il l'acheva avec un couteau-poignard, après lui avoir tiré deux coups de pistolet dans la tête. L'autopsie démontra qu'elle était encore vierge. Ferraud ne put parvenir à s'ôter la vie après ce crime. Traduit devant les assises à Versailles, il fut acquitté, le 18 mars 1838.

CHAPITRE II.

Impuissance.

L'Impuissance dans l'acception rigoureuse du mot est l'impossibilité d'exercer le coït.

Mais, communément, par cette expression, on entend non seulement l'impossibilité absolue, mais les simples obstacles rendant les rapports sexuels plus ou moins difficiles.

Il ne faut pas confondre l'Impuissance avec l'Anaphrodisie, celle-ci est l'absence de désirs.

L'Impuissant peut être dévoré de désirs charnels, et se trouver dans l'impossibilité de les assouvir.

L'Impuissance diffère aussi complètement de la stérilité, qui est l'incapacité à la fécondation. Un homme peut être impuissant sans qu'il soit le moins du monde frappé de stérilité.

Par opposition, un individu stérile peut être doué d'une grande ardeur dans la copulation.

Ce sont là des sortes d'aphorismes dont l'exactitude va être démontrée par l'étude de l'Impuissance et de la Stérilité.

L'Impuissance *absolue* ne peut être que le résultat de certains vices de conformation ou d'accidents traumatiques, de la castration, etc. Nous ne voulons pas empiéter sur le domaine pathologique, cependant nous signalerons, au moins par leurs noms ou traits, les principaux de ces accidents.

L'Impuissance accidentelle, *temporaire*, doit spécialement nous intéresser, d'autant qu'elle reconnaît pour causes et pour remèdes, dans le plus grand nombre de cas, des conditions hygiéniques, des influences morales ou des pratiques physiques particulières.

L'Impuissance peut exister : 1° chez l'Homme ; 2° chez la Femme.

§ 1. Impuissance chez l'Homme.

Quatre conditions principales sont nécessaires pour qu'il y ait impossibilité ou difficulté plus ou moins grande chez l'Homme d'exercer le coït : 1° absence de verge ; — 2° vices de conformation ; — 3° altérations pathologiques ; — 4° défaut d'érection.

Un cinquième paragraphe, relatif aux moyens

de remédier à l'infirmité physique ou morale qui cause l'Impuissance, terminera ce chapitre.

Absence de la Verge comme cause d'impuissance.

Le membre viril peut faire défaut, ou bien être réduit à une sorte de tubercule qui se refuse à l'intromission. Il manque très rarement du reste.

Fodéré raconte, dans sa *Médecine légale*, avoir soigné un jeune soldat, plein de courage, qui, avec des testicules bien conformés, n'avait à la place de la verge qu'un bouton, une sorte de mamelon qui terminait l'urètre. Ce bouton se gonflait en la présence des jeunes filles, et il en sortait par le frottement une humeur blanchâtre qui, sans doute, n'était autre chose que du sperme, puisque les testicules existaient. Ce jeune homme était impuissant au sens vrai du mot. — Peut-on dire qu'il était stérile? Non, assurément, car, si la Fécondation artificielle de la Femme n'est pas une chimère, il aurait pu devenir père en se prêtant à l'opération qui réalise ce genre de fécondation.

Roubaud rapporte l'observation d'un Brésilien dont la verge, à l'état d'érection, n'excédait pas la grosseur d'un piquant de porc-épic, et qui, néanmoins, parvint à exercer le coït, grâce à un artifice de son invention. Il engageait son pénis dans un appareil en caoutchouc qui en augmentait le volume; et, après trois mois d'exercice, le membre avait acquis une grosseur suffisante pour que l'appareil fût devenu inutile.

Vices de conformation comme cause d'impuissance.

Sous l'influence de causes presque toujours inconnues, et qui agissent dès les premiers temps de l'embryogénie, le produit de la conception peut s'éloigner d'une organisation parfaite; il naît alors avec toutes sortes d'anomalies, qui sont, dans le langage scientifique, autant de *monstruosités.*

Or, celles-ci peuvent se montrer dans l'appareil génital comme dans tous les autres organes.

Le pénis peut avoir une *direction vicieuse,* en haut, en bas, ou latéralement, ce qui rend l'érection douloureuse, imparfaite, la copulation difficile ou même impossible. Ces déviations tiennent le plus ordinairement à une altération congénitale ou accidentelle des corps caverneux, à des brides, des adhérences qui rapprochent la verge des parties voisines et l'empêchent de s'en éloigner suffisamment.

Il était question tout à l'heure de la gracilité du pénis comme cause d'Impuissance; le défaut contraire existe quelquefois : la *grosseur* et la *longueur* excessives du membre viril peuvent rendre le congrès douloureux, redoutable pour

la femme, et produire jusqu'à un certain point
le résultat de l'Impuissance, aussi longtemps
que les rapports ne sont pas rendus plus faciles
par une répétition bien conduite des tentatives
du coït et une dilatation suffisante de la vulve
et du vagin.

Il est un vice de conformation beaucoup plus
grave que les précédents, au point de vue de
l'Impuissance. C'est celui qui consiste dans
cette disposition anatomique qui fait que l'ouverture de l'urètre, le méat urinaire qui devient
alors spermatique, au lieu d'être placé à l'extrémité du gland, s'ouvre en un point plus rap-
proché du pubis, soit à la face dorsale du pénis,
ce qui constitue l'*Epispadias*, soit à sa face
inférieure (*Hypospadias*). — Nous reviendrons
sur ces anomalies.

Le *prépuce* offre des vices de conformation
qui ont été considérés, à tort, comme des causes
d'Impuissance. En effet, l'absence ou l'existence incomplète de ce voile mobile, son allongement considérable, le rétrécissement de son
ouverture qui peut aller jusqu'à l'occlusion
(*Phimosis*), peuvent tout au plus rendre les
sensations moins voluptueuses et les érections
moins énergiques, en privant en partie le gland
de sa sensibilité exquise.

L'inflammation du gland (*Balanite*), qui cause
si facilement le *Paraphimosis*, ou impossibilité

de ramener en avant sur le gland le prépuce
arrêté par la couronne gonflée et douloureuse,
est un obstacle à l'intromission, à cause de la
douleur que celle-ci occasionne; il s'agit là, en
tout cas, d'une Impuissance temporaire.

Une fois la cause enlevée ou cessant d'agir,
l'effet disparaît. De même, quand il existe une
brièveté excessive du frein pénien, une opération très simple rend libre le prépuce et en
même temps l'intromission.

Altérations pathologiques et traumatiques.

Dans ce chapitre doivent être comprises les
tumeurs, les plaies, les mutilations, etc., qui
peuvent être de nature à mettre obstacle au
rapprochement sexuel. Passer en revue toutes
ces infirmités ou maladies, ce serait nous engager dans le domaine chirurgical. Il suffit
de dire que, selon leur nature, l'Impuissance
due à ces causes est ou permanente ou transitoire.

Les *maladies des testicules*, telles que l'inflammation, l'atrophie, les dégénérescences tuberculeuse, cancéreuse, etc., en diminuant ou
suspendant la sécrétion du sperme, ou altérant
la santé générale, peuvent produire une Impuissance, que nous appellerons *relative*, car elle
n'est jamais absolue dans ces cas, qui se rapportent plutôt à la Stérilité.

L'absence des organes sécréteurs du sperme (testicules), quand elle ne dépend pas de la castration, n'est, le plus souvent, qu'apparente : Dans ces cas, ou ces glandes sont restées dans l'abdomen, ou bien elles n'ont pas franchi l'anneau inguinal. Cette disposition, native, anormale, est connue sous le nom de *Cryptorchidie*, mot qui veut dire *testicule caché*.

Or, est-ce bien là une condition d'Impuissance? Non, car les individus affectés de ce vice de conformation peuvent se livrer au coït, éjaculer même; seulement l'érection est moins intense, l'ivresse de la volupté moins vive, par cette seule raison que le sperme des cryptorchides est moins bien élaboré et ne contient pas de zoospermes.

La *Castration*, c'est-à-dire l'enlèvement des testicules, ne produit pas d'une manière absolue l'Impuissance, bien que la Stérilité radicale s'ensuive. (V. *Castratation. Eunuguisme.*)

Défaut d'Érection, Frigidité.

Il est évident que le coït est impossible si le membre viril reste mou et pendant. L'Érection est donc en quelque sorte le *criterium* de la puissance génératrice : elle se montre, en effet, d'autant plus intense que cette puissance est plus énergique.

Quelles sont les causes qui empêchent l'Érection d'avoir lieu? nous parlons, bien entendu, des cas où les organes génitaux sont ou paraissent bien conformés.

Ces causes sont d'ordres différents et très diverses par leur manière d'agir.

C'est ici, sans doute, que commence, pour le pubère qui nous fait l'honneur de lire ce Traité, l'intérêt le plus grand présenté par la question qui nous occupe.

La *Frigidité*, l'âge avancé, la faiblesse générale, certains états physiologiques, l'imagination frappée, l'épuisement par l'abus des plaisirs, certains états nerveux, l'extrême vivacité du sentiment d'amour, les maladies du cerveau et de la moelle épinière, celles de l'appareil urinaire, l'usage ou la simple ingestion de certaines substances toxiques ou qui exercent une action spéciale déprimante sur l'appareil génital, les pertes de semence par pollutions, spermatorrhée, etc., telles sont les principales causes du défaut d'Érection ou tout au moins d'énergie génératrice.

Frigidité, se dit de l'état d'un individu (Homme ou Femme), principalement de l'Homme, qui se montre incapable d'exercer la copulation, état tantôt symptomatique de diverses affections morbides, tantôt simplement idiopathique.

La Frigidité *idiopathique* est celle qui tient à

la mollesse du tempérament, à l'absence des conditions d'organisation que nous avons reconnues propres au sujet doué d'ardeur et de puissance dans les assauts amoureux. La Frigidité rapproche du castrat l'homme qui en est frappé; chez lui, les testicules sont petits, et la verge, quoique très développée parfois, reste flasque et peu susceptible d'érection.

> *Jacet exiguus cum ramice nervus,*
> *Et quamvis totà palpetur nocte, jacebit.*
>
> JUVÉNAL. Sat. X.

Toutefois, il doit arriver bien rarement que des attouchements répétés, surtout « *totà nocte* », n'excitent pas les désirs et la turgescence voluptueuse de la verge. Mais combien il est à plaindre celui qui, dans la couche nuptiale, lorsque, pour la première fois, il s'approche de son épouse, ne se retrouve plus; pour comble de malheur, son imagination effrayée se glace d'avance à de nouvelles tentatives, et loin de pouvoir effacer sa honte par un beau triomphe, il acquiert de plus en plus la triste certitude de sa faiblesse.

« Plus d'un fougueux amant, l'œil enflammé des feux du désir, attendant avec impatience l'heure d'un rendez-vous d'amour, s'est vu tout à coup frappé d'impuissance dans les bras de celle qui venait s'abandonner à lui. Il a beau invoquer la vigueur de son tempérament, l'exciter par mille baisers, mille caresses ; vains efforts ! l'organe reste immobile... le désir brûlant qui court dans ses veines et les dévore ne peut être satisfait... Honte et désespoir ! Ces désirs qui l'affligent, cette honte qui le fait rougir et pâlir tour à tour, peut-être seront-ils causes, demain et les jours suivants, de son impuissance. » (Pariset.)

On voit des personnes très susceptibles d'union sexuelle avec telle personne, et pourtant qui sont tout à fait impuissantes avec telle autre. Certains individus ont une salacité si pétulante et si prompte, que l'effusion séminale s'opère avant toute intromission, et qui ne sont impuissants que par une trop vive puissance. Il en est qui exercent l'acte, mais ne le terminent point selon l'ordre naturel, soit par manque de sperme, soit par quelque vice de conformation qui en empêche l'émission. Quelques-uns entrent en érection, mais celle-ci retombe presque aussitôt ; d'autres distillent un sperme limpide et froid, émis sans érection et sans coït préalables, par de simple approche ; d'autres enfin éprouvent soit une soudaine défiance de leurs forces qui paralyse sur-le-champ tous leurs moyens (et ce sont particulièrement les individus timides et honteux), soit une aversion subite en apercevant des objets qui ne répondent nullement à l'idée qu'ils en avaient conçue ;

ou bien l'on se sent frappé d'une odeur repoussante, ou même l'on s'imagine être atteint d'un sort ou lié à un maléfice.

Une imagination frappée, avons-nous dit, peut causer une Impuissance, heureusement factice et temporaire. Il fut un temps où d'effrontés charlatans faisaient croire qu'ils pouvaient *nouer l'aiguillette* au cours de la cérémonie nuptiale. Quoique ces sorcelleries n'aient plus cours aujourd'hui, il n'est pas sûr que de simples villageois ne se croient encore *ligaturés*.

La faiblesse génitale est souvent native : Comment veut-on que des vieillards cacochymes, des individus épuisés par toutes sortes d'excès procréent des enfants robustes et mieux favorisés que ne l'étaient leurs parents. Entre les facteurs et les produits, il y a toujours des liens intimes et des conditions de rapports inévitables. Ainsi, l'apathie génésique ne fait pas seulement la honte de qui la subit, elle atteint par voie d'hérédité les enfants que celui-ci a procréés.

Parmi les maladies qui diminuent ou éteignent même complètement les facultés viriles, il faut citer, en premier lieu, celles de l'encéphale, attendu que, d'après Ch. Robin, l'érection aurait pour point de départ une incitation, instinctive ou volontaire, née du point du cerveau qui se trouve en connexion par les nerfs de la vie organique (Grand Sympathique) avec les organes de la génération.

Les affections de la moelle épinière plongent la verge dans un état de frigidité plus complet encore que ne le fait le cerveau. C'est qu'en effet, certaines maladies cérébrales de nature nerveuse plutôt que matérielle, loin de frapper d'inertie l'appareil génital, le surexcitent au contraire, à tel point même que le but est dé-passé. Certains fous ne sont-ils pas d'une lubri-cité révoltante? D'autres sont en proie au Saty-riasis ou au Priapisme, états morbides dont nous avons parlé.

Viennent ensuite les maladies des organes urinaires, néphrite, cystite, le diabète, etc., qui soit qu'elles accusent une altération générale des humeurs, ou une affection locale profonde, ont pour effet une véritable Impuissance dont la durée, toutefois, est subordonnée à celle de la maladie qui la cause.

Certaines substances ou toxiques, ou médi-camenteuses, passent pour calmer les feux de la concupiscence. On leur a donné le nom d'*Anaphrodisiaques* : Ce sont l'iode, le nitre, les sels de plomb, le camphre, le lupulin, le né-nuphar, le gattilier, le chèvrefeuille, etc., entre autres, lesquels ont été regardés comme des gardiens de la chasteté. Le café noir lui-même, selon plusieurs praticiens, porterait par un long usage une fâcheuse influence sur la vitalité génitale. L'intempérance, l'abus du tabac et des opiacés produisent des effets analogues.

Le surmanage de l'organe intellectuel fait taire l'instinct génésique. De Lignac a observé que les mariages des gens de lettres ne sont pas ceux qui rapportent le plus à l'État. « Un génie marié, a dit un auteur, est un génie stérile. Les productions de l'homme sont bornées ; il faut opter : ou laisser à la prospérité des ouvrages d'esprit, ou faire des enfants. Il n'est pas jusqu'à la continence qui, par sa durée et le manque d'exercice qu'elle impose aux organes, ne soit une cause de frigidité. »

Les *pollutions* sont des causes d'affaiblissement trop connues pour qu'il soit nécessaire d'en faire comprendre le danger. (V. *Onanisme*, *Masturbation*.)

Quand les pollutions involontaires, nocturnes, sont accompagnées d'érection et provoquées par des rêves lascifs, elles ne font que remédier à un trop-plein des vésicules séminales : étant ainsi sans inconvénients, souvent au contraire elles soulagent, débarrassant l'individu d'un certain malaise, mal défini mais réel.

Quand, au contraire, les pertes séminales sont provoquées par des attouchements réitérés, cela tourne à l'habitude, et celle-ci conduit à l'épuisement, à l'atonie de tous les organes, et, par suite, ce qui est pire, à l'émission de sperme involontaire.

La *Spermatorrhée*, nom sous lequel on désigne ce dernier état, consiste donc en des pertes involontaires, passives, non accompagnées d'érection et de sensation voluptueuse. Ses causes déterminantes dérivent d'un état d'irritation des vésicules séminales, d'excès vénériens, ou d'une simple atonie nerveuse de l'appareil génital. D'abord *nocturnes*, les pertes de semences deviennent *diurnes*, et se reproduisent alors au moment des gardes-robes. La Frigidité en est la conséquence, étant proportionnelle à leur abondance.

Le *Priapisme* et le *Satyriasis* sont deux états maladifs qui peuvent être rangés parmi les causes physiques troublant les conditions de la véritable, de la franche virilité. Il en est de même de la *Nymphomanie* et de l'*Hystérie* chez la Femme. Ces affections, bien qu'étant du domaine de la pathologie, ont dû trouver leur place dans cet écrit.

Moyens de remédier à l'Impuissance de l'Homme.

Telle est la diversité des causes de l'Impuissance ou des influences qui oppriment la faculté copulatrice, qu'il appartient à la fois au chirurgien, au médecin, à l'hygiéniste et au moraliste d'en rechercher les causes et de les combattre.

Rappelons d'abord que l'Impuissance est radicale ou temporaire; que, dans la première espèce, il n'y a rien à faire, puisque les testicules et la verge, celle-ci surtout, ont été enlevés.

Mais il peut exister certaines lésions ou certains états pathologiques, ainsi que nous l'avons expliqué déjà, qui peuvent réclamer l'intervention chirurgicale. Il n'est pas de notre sujet de dire comment et dans quels cas le chirurgien doit mettre en œuvre les ressources de son art.

Dans un grand nombre de cas d'Impuissance et de Frigidité incomplètes, la thérapeutique devient utile, soit qu'elle suffise à elle toute seule, soit qu'elle s'aide du secours de l'hygiène et des conseils que dicte l'esprit de sagesse et de bon sens.

Tout d'abord on a à se demander si le défaut d'érection, ou l'érection plus ou moins incomplète a pour cause un état de surexcitation ou d'inflammation siégeant dans quelque partie de l'appareil uro-génital, ou si cet état dépend d'une simple atonie locale ou générale.

Dans le premier cas, il faut déterminer d'abord le siège de l'irritation morbide, puis la combattre par l'emploi des bains, des cataplasmes émollients, des boissons adoucissantes; en un mot, on mettra en usage tout le cortège du traitement antiphlogistique et du régime : or, pour ce faire, les conseils du médecin sont toujours nécessaires.

Dans le second cas, si l'on n'a affaire qu'à de l'atonie, à une faiblesse, une sorte d'épuisement de la constitution générale ou des organes génitaux, sans altération matérielle proprement dite ; si surtout l'Impuissance dépend d'une simple perturbation nerveuse, d'un trouble moral plus ou moins temporaire, les moyens de traitement sont généralement efficaces, étant employés avec discernement et appropriés aux diverses circonstances qui se présentent.

Ainsi la Frigidité due à des pertes de sang abondantes, à des évacuations excessives ou à toute autre cause de débilitation, se dissipera facilement sous l'influence d'un régime réparateur composé de consommés, viandes rôties, vin généreux, etc., à condition, toutefois, que le canal digestif sera sain et non disposé à s'irriter pour le moindre écart. On adjoint avec grand avantage à ces moyens le grand air, le séjour à la campagne, l'usage des ferrugineux, les bains de mer, l'hydrothérapie, etc.

Il est entendu que, pendant la durée du traitement, le repos doit être imposé aux fonctions génitales. Cependant il arrive un moment où, si le conseil était moral, une sorte d'essai d'érection discrète et cachée pourrait être conseillé, sous l'influence d'une conversation amoureuse avec une femme qui plaise, en attendant paisiblement l'heure du réveil complet de la nature.

Il est des moyens de traitement d'ordre purement moral, et qui consistent dans l'expression d'une confiance mutuelle et de confidence sincère. Certes! le conseil est plus facile à donner qu'à mettre en pratique, nous en convenons; un mari jeune, non fatigué, qui, la première fois qu'il s'approche de sa fiancée, se voit trahi par ses forces, est bien à plaindre; mais il se trompe s'il croit que sa jeune épouse, à moins qu'elle ait déjà connu le mariage, compte sur l'offrande que lui, mari, croit de son honneur de lui faire dès le premier jour.

La Femme s'attache à l'Homme par le cœur, non par les sens. Si celle que vous épousez n'a pas cessé d'être sage, innocente, vous pouvez lui manifester votre amour, pendant longtemps, rien que par des caresses et des paroles tendres, elle ne souffrira aucunement du manque de rapports sexuels; si, au lieu d'entonner le chant d'amour sur un ton élevé que vous ne pouvez soutenir plus de quelques mois, vous avez soin de vous régler d'après une mesure relative à vos moyens réels, vous n'aurez pas la honte (car c'en est une pour certains hommes) de vous retirer prématurément du combat, et la crainte de ce malheur ne paralysera pas vos forces longtemps avant l'assaut, comme j'en ai vu des exemples. Il arrive assez fréquemment, en effet, que des Hommes déjà fatigués s'épuisent tout à coup et tombent dans l'impuissance par suite du préjugé que nous venons de signaler. Nous leur conseillons de laisser reposer leurs organes, et, au lieu de se livrer à des essais qui demeurent sans résultat sous le sentiment de honte qui les obsède, plutôt que par le manque réel de puissance virile, de faire à leur Femme l'aveu de l'état dans lequel ils se trouvent momentanément, quitte à attribuer telle ou telle cause à cet état passager; du moment qu'il sera bien convenu que, pendant tel temps, la continence devra être observée, le malheureux impuissant, debarrassé de sa préoccupation morale et fortifié par l'usage des bains froids, des bains sulfureux, d'un régime tonique, sentira bientôt renaître les désirs et revenir en même temps les moyens de les satisfaire. (*Anthropologie*, t. I.)

Les contes de sorcellerie, de sort jeté sur les conjoints, l'*aiguillette nouée*, etc., n'ont plus de croyants; mais il est encore des esprits faibles ou ignorants qui portent des sachets ou des amulettes, ou qui boivent des *philtres* enchanteurs pour conjurer l'infernale machination des mauvais génies.

Beaucoup d'Hommes à imagination maladive,

disposés à l'hypocondrie, parce qu'ils ont eu ou portent encore telle ou telle affection des organes génitaux, se persuadent qu'ils sont impuissants, — et par cela seul, ils le sont en apparence ; — d'autres sont convaincus d'être atteints de spermatorrhée, de rétrécissement spasmodique de l'urètre, etc., etc., car les sujets d'effroi que peuvent évoquer les hypocondriaques sont aussi nombreux que les fantômes que se crée leur imagination, appelée par Brantôme la *Folle du logis*.

Dans tous les cas d'Impuissance factice, de celle qui ne s'explique par aucune cause matérielle ou anomalie organique, etc., le médecin, s'il est consulté, doit user de toute son autorité et promettre, quand même, le triomphe au pauvre désespéré. « En pareille occurrence, l'hésitation est funeste. La nature de la prescription importe peu ; il faut avant tout paraître assuré de son efficacité. »

En thèse générale, il faut commencer par sembler croire à la réalité de l'Impuissance, prescrire même une médication en apparence active et, dans ce cas, insister sur les espérances que font concevoir le pronostic porté et le traitement ordonné. On ne guérit pas un fou en combattant ses fausses conceptions ; il faut d'abord entrer dans ses vues, capter sa confiance, opposer à sa superstition, à ses idées fixes, des superstitions plus grandes et des raisonnements encore plus exagérés; c'est le seul moyen d'acquérir une autorité morale sur lui.

Les Aphrodisiaques.

On ne peut parler de l'Impuissance sans dire un mot des agents qui passent pour jouir de la faculté de provoquer aux plaisirs de l'amour et qui ont reçu le nom d'*Aphrodisiaques*. La liste en est extrêmement longue. Ils se tirent des trois règnes, végétal, animal, minéral, sans compter certaines manœuvres d'ordre physique qu'il faut leur ajouter.

Sont réputés Aphrodisiaques la plupart des crucifères, les racines des ombellifères, les champignons, les aromates exotiques (amome, gingembre, curcuma, vanille, poivre, muscade), mais ils le sont à des degrés d'efficacité bien différents. Les plus renommés parmi les végétaux sont la truffe, la sarriette, le genseng, le haschisch, la roquette, dont Martial a dit :

Excitat ad venerem tardos eruca maritos.

Dans le règne animal, ce sont les poissons et particulièrement leur laitance, les huîtres, les moules, le musc, l'ambre gris, le castoreum et, le plus renommé comme le plus actif et dangereux, la cantharide.

Le règne minéral fournit le soufre et le phosphore.

De tous ces agents les plus connus, en Europe, sont la truffe, le phosphore et la cantharide.

Toutefois, l'usage modéré de la truffe et des autres substances végétales n'a pas de sérieux inconvénients : la truffe, par exemple, peut procurer une stimulation quelque peu amoureuse, mais elle ne peut jamais conduire celui qui en use à surmener ses organes et à nuire sérieusement à sa santé. Le phosphore a plus d'inconvénients, car la cantharide est très toxique.

« Les aphrodisiaques, dit Ricord, manquent souvent leur effet ou créent un état maladif très décidé, même douloureux, dont l'idée ne se concilie pas avec celle des plaisirs amoureux. Il n'y a donc pas, à proprement parler, de véritables aphrodisiaques : tous les moyens prônés pour réveiller les sens épuisés et relever l'homme de sa déchéance, ne sont que des agents factices : la jeunesse, la santé, un régime sobre de vie sont les vrais et seuls aphrodisiaques. »

Citons pour mémoire les pratiques externes employées pour produire l'érection, telles que l'urtication, la flagellation, les frictions, les affusions froides, l'électricité, la ventouse agissant sur le pénis, et beaucoup d'autres moyens que la lubricité a inventés.

L'*urtication* est une sorte de flagellation pratiquée sur la peau avec des feuilles d'ortie fraîches (*Urtica urens*), dans le but de déterminer une irritation plus ou moins vive. Il se développe par suite de cette pratique de la rougeur avec douleur brûlante, due à la liqueur âcre qu'introduisent dans la peau les aiguillons de la plante, puis une éruption particulière, accompagnée de cuisson et de prurit, appelée *urticaire*. Ce moyen révulsif puissant a été appliqué jadis dans les cas de coma, de paralysie, d'aménorrhée, etc. Il a été aussi employé sur les parties voisines des organes sexuels pour y provoquer un afflux sanguin et combattre la *Frigidité*.

La *flagellation* s'exerce avec des verges de bouleau sur les reins, les lombes et les fesses. C'est un moyen excellent d'exciter la sensibilité générale à l'extérieur. Il a été connu dans l'antiquité pour ses effets, comme propres à ranimer les forces génitales épuisées ou trop lentes à se manifester. Les débauchés de Rome se faisaient flageller dans leurs orgies.

La flagellation a été introduite dans le culte catholique en 1260, comme moyen de mortification. Saint Dominique se distingua dans cette bizarre pratique, pour lui 3.000 coups valaient un an de pénitence.

On a donné le nom de *Flagellants* à une secte

de fanatiques religieux qui, après la *peste noire*, crurent devoir se flageller, ce qu'ils faisaient jusqu'à ce que le sang coulât.

Nous croyons inutile de nous étendre sur le mode d'action des *frictions*, des *affusions froides*, de l'*électricité*, etc., employées en vue de déterminer l'érection du pénis ou de rappeler vers le système génital une vitalité en déchéance ; leur manière d'agir est analogue à celle de l'urtication, mais beaucoup moins active.

Quant aux préparations Aphrodisiaques, leur nombre est considérable. Les plus célèbres sont celles où entrent les *Cantharides*, elles sont en même temps les plus dangereuses ; car l'insecte, bien qu'ingéré à très petites doses, porte d'affreux ravages dans l'estomac et les voies urinaires. Il faut donc repousser les *diablotins* d'Italie, les *pastilles vénitiennes* et la plupart des *philtres*, car ils contiennent cette substance toxique. — Le *phosphore* n'est guère moins dangereux.

Sur le même rang que le phosphore et la cantharide peut être placé le *Bupreste sacré* ou Scarabée des anciens Égyptiens ; au dire de Pariset, de tous les Aphrodisiaques, ce serait le plus puissant. On voit cet insecte sculpté dans les tombeaux de Thèbes, laissant tomber de son bec une humeur dans la bouche d'un homme dont le pénis en érection projette des petits enfants.

Il se vend encore, de nos jours, chez les Orientaux, une *teinture alcoolique de Scarabée* pour remédier à l'épuisement causé par les excès vénériens.

Voici quelques autres préparations :

Vin aphrodisiaque.

Gousses de vanille	30^{gr}
Cannelle	30
Genseng	30
Rhubarbe	30
Vin de Malaga	1^{lit}

Faites macérer pendant quinze jours ces substances dans le vin, en ayant soin d'agiter chaque jour. Filtrez et ajoutez quinze gouttes de teinture d'ambre.

Élixir aphrodisiaque.

Ambre gris	2^{gr}
Aloès	6
Benjoin	12
Musc	0.02^{centigr}

Pilez le tout ensemble et versez dessus quantité suffisante d'alcool, de manière à noyer la masse; faites chauffer au bain de sable, filtrez et mettez en bouteille, que vous boucherez hermétiquement. — Prendre à la dose de 4 ou 5 gouttes dans du bouillon.

Potion aphrodisiaque.

Myrthe musqué	8^{gr}
Citronnelle	4

Roquette   4
Muscade   2
Écorce d'orange amère   2

Faites, selon l'art, une potion que vous aromatiserez avec quelques gouttes d'alcoolat de mélisse.

Émulsion cantharidée (GUIBOURT).

Huile de cantharides par infusion. . . 2^{gr}
Gomme arabique   8
Jaune d'œuf   1
Eau de genièvre   90

Ces diverses préparations, dont il serait facile d'augmenter considérablement le nombre, ne doivent être employées qu'avec l'autorisation du médecin. Nous conseillerions plutôt de les proscrire absolument dans tous les cas ; car, si nous en avons indiqué quelques-unes, c'est à titre de renseignement, tout simplement.

Au même titre aussi nous rapportons quelques faits qui démontrent le danger de certains breuvages. Ils sont empruntés au livre de F. Devay.

« Le voluptueux Lucculus et le poète Lucrèce expirèrent au milieu de transports frénétiques pour avoir pris des breuvages hippomaniques.

« Ambroise Paré raconte qu'une courtisane ayant administré une potion cantharidée à son amant, pour le rendre plus amoureux, l'infor-

tuné fut atteint de priapisme et mourut d'hémorragie urétrale.

« L'acteur Molé dut la mort à une potion
semblable.

« Un de nos bons compositeurs, l'auteur de
Joconde, fut également victime d'un aphrodisiaque incendiaire. »

Un pauvre homme d'Orgon, en Provence, dit
le docteur Cabrol, ayant, par le conseil d'une
vieille femme, pris une potion faite avec des
semences d'ortie, des ciboules et deux dra-
chmes de cantharides, devint d'une salacité si
furieuse qu'il répéta l'acte vénérien trente fois
en deux nuits, et qu'il en mourut. — Évidemment, cet homme devait éprouver, dans ses
transports, maladifs et forcés, plus de douleur
peut-être que de plaisir. Ne recherchez donc
jamais des jouissances qui ne sont pas provoquées par la nature.

§ 2. Impuissance chez la Femme.

Ce n'est que quand elle ne peut recevoir
l'Homme que la Femme est réputée impuissante. Mais ce cas se présente rarement.

La Femme a sur l'Homme cet avantage
qu'elle peut se prêter aux rapports sexuels
sans y jouer un rôle actif, et même en restant
dans une indifférence complète.

Cette sorte de *Frigidité* constituerait, suivant F. Roubaud, une Impuissance relative, en raison du défaut de sensation voluptueuse, qui serait nécessaire pour assurer la Fécondation.

Il y aurait donc deux genres d'Impuissance chez la Femme : 1° celle par obstacle à l'Intromission ; 2° celle par Frigidité.

Impuissance par obstacle à l'Intromission.

Les obstacles en question ne sont autre chose que des anomalies, congénitales ou acquises, de la vulve ou du vagin ; l'imperforation de ces organes, ou la résistance insurmontable de l'hymen, sans compter les brides, adhérences, rétrécissements anatomiques ou chirurgicaux, tumeurs, abcès situés au voisinage de l'entrée vaginale ; toutes ces affections sont du ressort de la chirurgie.

Mais il est un état pathologique de la vulve et du vagin consistant en une sensibilité extrême, avec resserrement spasmodique de ces ouvertures, et qui met obstacle à l'approche du mari à cause des douleurs excessives qu'elle détermine. Cet état, essentiellement nerveux, est connu sous le nom de *Vaginisme*.

Anomalies de la Vulve et du Vagin.

On entend par *anomalies de la Vulve et du Vagin* certains vices de conformation. Mais il faut distinguer : La Vulve peut être oblitérée ;

l'oblitération est complète ou partielle ; elle peut consister dans une adhérence des grandes lèvres, originelle ou de naissance, ou contractée par suite d'accident traumatique ; elle peut être due à la membrane hymen, qui oppose parfois une résistance insurmontable aux efforts du mari le plus vigoureux.

Le clitoris ne pourrait gêner la fonction copulatrice qu'autant qu'il serait d'un volume excessif, cas très rare, du reste ; et d'ailleurs il est impossible d'admettre qu'il puisse empêcher le congrès d'une façon absolue.

On a remarqué que les Femmes dont le clitoris est très développé et qui s'érige à la manière du pénis de l'Homme, sont portées à préférer les personnes de leur sexe pour se procurer des jouissances voluptuèuses. Ces Femmes sont atteintes du vice de la *Tribadie*, expression qui veut dire : habitude de se *frotter*; elles ne sont pas impuissantes pour cela, ni stériles.

Lorsque la matrice ne communique pas avec l'extérieur, par suite de l'oblitération du vagin ou de la vulve, il y a lieu de rechercher si cet organe lui-même ne fait pas défaut. Quand, par le toucher rectal ou de toute autre manière, on constate la présence de l'utérus, une question alors se dresse, celle de savoir si la menstruation s'opère ; dans l'affirmative, vient celle

19.

de donner issue au sang des règles. Or, ce sont là des cas de pathologie chirurgicale qui ne peuvent nous occuper davantage.

Les communications anormales du vagin avec les organes voisins (rectum, vessie) constituent une dégoûtante infirmité, équivalant à l'Impuissance. J.-L. Petit a vu une jeune fille de quatre ans, qui était venue au monde sans urètre, ni petites lèvres, ni clitoris; elle avait un vagin assez large, mais elle rendait involontairement ses urines, parce que le sphincter urétral manquait.

Une autre, dit le même auteur, qui avait tout l'extérieur de la vulve, clitoris, nymphes et grandes lèvres bien conformés, mais à laquelle il manquait l'urètre tout entier et le col de la vessie, rendait ses urines à l'entrée du vagin par un trou assez large pour y mettre le petit doigt.

Une cause d'Impuissance d'un autre ordre déjà signalée; c'est le *Vaginisme*, état spasmodique de la vulve ou du vagin, qui s'accompagne, à l'approche du mari, de douleurs telles que l'épouse le repousse, malgré le vif sentiment du devoir qui la domine. Distinguons cependant. Tantôt il s'agit là d'une névralgie pure et simple de la vulve, et, dans ce cas, l'obstacle est plutôt moral, dynamique, que physique, matériel; tantôt on a affaire, au contraire, à un spasme du vagin (Vaginisme proprement dit), lequel met un obstacle matériel à l'intromission du pénis, parce que, indépendamment de la vive douleur, il existe un rétrécissement ou resserrement convulsif du canal, tel parfois qu'on n'y pourrait faire pénétrer un tuyau de plume.

Impuissance de la Femme par Frigidité.

C'est pour nous conformer à la distinction établie par l'auteur du *Traité de l'Impuissance et de la Stérilité* que nous créons ce paragraphe, car, en réalité, chez la Femme la Frigidité ne peut être considérée comme une cause d'Impuissance, puisqu'elle ne forme aucun obstacle à la copulation. Tout au plus la froideur, l'absence de désirs pourraient atténuer la faculté fécondante, sans que pour cela il y ait motif à admettre la Stérilité.

Roubaud constate bien cette vérité ; mais il ne peut s'empêcher de voir dans la Frigidité un état fâcheux qui, rendant la Femme indifférente pour l'acte le plus important de son existence, peut faire naître la discorde entre les époux.

Nous le répétons : quoique la Femme ne puisse être réputée impuissante, par cette raison qu'elle ne peut recevoir l'Homme, de même que celui-ci ne l'est réellement que quand il ne peut exercer la conjonction charnelle, du moment qu'on admet chez celui-ci la froideur du tempérament comme cause d'impuissance, il est à plus forte raison permis de reconnaître la même disposition chez la Femme.

La *Frigidité* se dit surtout du sexe masculin, parce que l'expression s'adresse plutôt à l'organe qu'à la constitution; mais elle est plus commune chez les Femmes que chez les Hommes, en ce sens que beaucoup parmi les premières ne sentent l'aiguillon de la volupté, ni avant ni même pendant l'acte sexuel le plus intime.

Cette indifférence, cette froideur de tempérament est considérée comme conduisant à l'Infécondité plutôt que comme condition d'Impuissance.

Du reste, les causes de la Frigidité sont les mêmes chez la Femme que chez l'Homme. Elles se rattachent au tempérament, à l'imperfection des organes, aux maladies qui ont épuisé la constitution, à l'abus des plaisirs, aux écarts d'une imagination frappée ou d'une raison égarée, etc.

Suivant Kobelt, un accouchement peut créer l'insensibilité génésique, lorsqu'il donne lieu à une déchirure de la vulve, et que la sensibilité du clitoris est affectée. Ce phénomène d'anaphrodisie temporaire s'explique par le jeu harmonique qui rattache l'appareil génital tout entier au clitoris, siège spécial, unique peut-être, du plaisir voluptueux.

Après l'accouchement, le clitoris ne peut guère s'ériger. Roubaud cite le cas d'une Femme qui, voulant se livrer à des plaisirs solitaires quelques jours après sa délivrance, ne put parvenir à se procurer les sensations volupteuses qu'elle recherchait; elle ne les retrouva qu'après un repos assez long.

La sensibilité organique des organes s'émousse par l'abus des lavages et des lotions astringentes dont certaines Femmes font usage sans discernement, dans le but de raffermir les tissus et de leur communiquer le ton qui n'appartient qu'à la jeunesse.

Les pratiques de la masturbation et de la tribadie produisent les mêmes effets.

Moyens de remédier à l'Impuissance
chez la Femme.

Les anomalies congénitales ou accidentelles de la vulve, du clitoris et du vagin sont au-dessus des ressources de l'art, ou doivent être combattues par le chirurgien. On remédie par une opération assez simple à l'occlusion de la vulve et du vagin. Quant au développement exagéré des petites lèvres, ce n'est que dans les pays africains qu'il s'observe : là, comme

nous l'avons dit déjà, on en excise une portion
de celles-ci pour se conformer à une règle hygiénique ou faciliter l'intromission du membre
viril. Des individus étrangers à la médecine font
métier de retrancher une partie de ces organes :
Ils s'en vont par les rues, dit Amb. Paré, en
criant : Qu'elle est celle qui veut être coupée ?

Quand le vagin se termine en cul-de-sac,
sans apparence de col utérin au fond, de deux
choses l'une : ou il est complètement fermé en
avant, ou il offre une ouverture par laquelle le
sang menstruel s'échappe. Dans le premier cas,
il est presque certain que la matrice manque ou
est atrophiée ; mais si, au contraire, les règles
s'accumulent derrière l'obstacle, il y a nécessité, alors, de leur ouvrir un passage au moyen
d'une ponction pratiquée dans la membrane vaginale obstruante. Dans le second cas, l'abstention de tout traitement, comme du mariage, est
indiquée.

Un vagin simplement rétréci peut être soumis à une dilatation progressive, comme dans
le cas suivant, rapporté par Van Swieten :

« Une Femme mariée à un Homme dont la
force virile n'était pas douteuse, ne put lui
faire goûter les plaisirs de la couche nuptiale,
et elle allait voir son mariage déclaré nul,
quand Benevoli, consulté, mit en usage la médication suivante : il employa d'abord les

fomentations émollientes; ensuite il introduisit un pessaire de racine de gentiane dans toute la longueur du canal, comme s'il se fût agi d'agrandir une fistule, et il augmenta progressivement le volume de ce pessairé jusqu'à ce qu'il pût le remplacer par la moelle d'une tige de maïs, et arriver ensuite à l'éponge préparée. Ces diverses substances spongieuses, en s'imprégnant des mucosités vaginales, se gonflèrent et dilatèrent progressivement le vagin, en le rendant apte à remplir ses fonctions. »

Si le *Vaginisme* dépend d'un état inflammatoire, il faut le combattre par tout le cortège des émollients généraux et locaux; au nombre de ces derniers sont les lotions et bains, entiers ou de siège, avec eau de son ou de racine de guimauve ou de graine de lin. S'il est plus spécialement spasmodique, on rend les bains et lotions narcotiques au moyen d'une décoction de pavot, de morelle, de belladone, de stramonium, etc. Quand ces moyens demeurent impuissants, on a recours à la dilatation graduelle, par des mèches belladonées, augmentées progressivement de volume; ou bien on emploie la dilatation brusque faite au moyen des deux doigts indicateurs, introduits dans le vagin et qui tirent en sens inverse. Pour cette opération très douloureuse la Femme doit être plongée dans l'anesthésie par le chloroforme.

CHAPITRE III

Stérilité.

La Stérilité est l'inaptitude à la Fécondation.

Nous ne reviendrons pas sur les caractères qui la distinguent de l'Impuissance.

Les conditions physiologiques et les affections pathologiques susceptibles d'entraîner la Stérilité se rencontrent dans les deux sexes.

Nous avons donc à étudier :

1° La Stérilité chez l'Homme ;

2° La Stérilité chez la Femme.

Mais, avant d'entrer dans le cœur du sujet, examinons certaines conditions, d'un ordre général, et qui peuvent être considérées comme agissant sur le pouvoir fécondant de l'un et de l'autre conjoint.

C'est là, toutefois, le côté le moins certain, le plus problématique même de la question qui va nous occuper.

Et d'abord, comment expliquer ce fait étrange d'un individu, n'importe le sexe, qui, se présentant dans les conditions les plus favorables au point de vue de la fécondité, ne peut pourtant parvenir à reproduire son semblable ? On invoque comme causes les diathèses, cer-

taines affections constitutionnelles, les dispositions idiosyncrasiques, la consanguinité, etc.
Voyons ce que valent ces causes.

Affections constitutionnelles (diathèses). —
Assurément, la scrofule, la tuberculose, le
cancer et surtout la syphilis chronique sont des
états diathésiques qui altèrent les humeurs, la
crase du sang et la constitution : rien d'étonnant, par conséquent, à ce qu'ils portent leur
funeste influence sur la sécrétion spermatique
et qu'ils l'altèrent au point de priver sont produit du pouvoir fécondant. Mais, il faut apporter une grande réserve dans l'admission
de telles causes.

Si, d'après les auteurs, le sperme doit con-
tenir des Spermatozoïdes pour être en possession de la faculté de vivifier les ovules, quel
que soit l'âge ou l'état de santé de l'individu
dont il provient, il y a à voir si les animalcules
spermatiques ne sont pas eux-mêmes chétifs,
mal conformés. Or, nous avons vu que, d'après
les observations du Dr Girault, cette question
est prépondérante.

Le même raisonnement est applicable à la
Femme qui, quoique bien conformée, bien
réglée, ne concevrait pas : ses ovules (œufs) ne
seraient-ils pas entachés de quelque imperfection ?

Quand, dans les unions de deux êtres placés dans les conditions en apparence les plus favorables, il ne survient pas de grossesse, le phénomène peut s'expliquer par la supposition que le germe fécondé se détache dans les premiers jours de son arrivée dans la matrice, et qu'il est expulsé, inaperçu, avec les règles. L'Homme avait fécondé la Femme qui a pu l'être, mais le principe diathésique existant, dans l'un ou dans l'autre facteur, a porté son action sur la vitalité de l'embryon ou sur celle de la matrice, et l'avortement précoce s'en est suivi.

D'après cette manière de voir, la diathèse syphilitique ne rendrait pas stérile l'individu qui en est affecté, du moment que le sperme serait riche en Zoospermes ou que les règles seraient régulières : l'ovule a pu être fécondé, il l'est même le plus souvent ; seulement il était imprégné d'un principe morbide qui a empêché l'embryon de se fixer dans la cavité utérine.

Consanguinité. — L'influence de la consanguinité sur la vitalité des produits de la fécondation, est un sujet encore enveloppé d'obscurité et sur lequel, d'ailleurs, nous nous sommes déjà prononcé.

Le Dr Devay a écrit, sur les dangers des Mariages entre consanguins, un livre dans lequel il fait l'énumération des « maladies de famille découlant de mauvais mariages. » Il prétend que ces sortes d'alliances sont stériles ou qu'elles frappent les rejetons dans leur structure et dans leur santé. Sur 82 faits pathogéniques, il en compte 22 à l'avoir de la Stérilité, dont 16 de Stérilité absolue, et 6 dans lesquels il y a eu conception, celle-ci ayant été suivie d'avortement dans les premiers mois de la grossesse. Ces alliances qui, pour la plupart, dataient de 8 à 10 ans, ont eu lieu entre cousins germains ou issus de germains; 4 seulement regardent des oncles qui ont épousé leurs petites-nièces.

Nous n'avons aucune raison de mettre en doute la réalité des faits ci-dessus, ni d'en atténuer la portée. Cependant, nous l'avons dit déjà, la consanguinité ne mérite pas les accusations graves qu'on a dirigées contre elle.

Et puis, il est si facile de créer des théories et d'en tirer des inductions : seulement les faits bien observés ne tardent pas à les démentir.

Pour ce qui a trait spécialement aux unions sans postérité, on en cherche bien loin et bien hypothétiquement la cause, alors qu'il faudrait tout simplement voir si, du côté de l'Homme l'éjaculation spermatique se fait dans une direction convenable, et du côté de la Femme si l'utérus est dans une position favorable, ou si cet organe n'est pas le siège d'un état de maladie quelconque.

Le pouvoir fécondant se manifeste par des

faits positifs convaincants. De ce qu'une union sexuelle a paru probante, il ne s'ensuit pas que le mari doive être considéré, d'une façon absolue, comme exempt de Stérilité.

Pour que l'expérience ait été concluante, il faut qu'elle soit faite à l'abri de toute cause d'erreur. Or, du côté de la femme, c'est autre chose. la fécondité se prouve par ses effets; et si cette femme, quoi que fidèle au mariage, ne conçoit pas, on ne saurait conclure à sa Stérilité, attendu qu'on voit très souvent devenir mères celles crues stériles qui ont contracté de nouvelles alliances.

Terminons ces considérations générales par le passage fantaisiste suivant, emprunté à Virey : « C'est lorsque la Femme est le plus femelle et l'Homme le plus viril, c'est quand un mâle brun, velu, sec, chaud et impétueux trouve l'autre sexe délicat, humide, lisse et blanc, timide et pudique, que s'établit l'amour le plus pénétrant. Si l'on unit deux tempéraments semblables, comme Voltaire et la marquise du Châtelet, qui ne pouvaient ni se quitter, ni se souffrir longtemps ensemble, cette similitude d'égalité produit une source de querelles et devient une cause de stérilité très remarquable. »

§ 1. La Stérilité chez l'Homme.

Le rôle de l'Homme dans l'acte de la fécondation se réduit à ce simple acte : verser la liqueur fécondante dans les organes génitaux de la Femme.

Quant au plaisir, à l'ivresse voluptueuse, aux transports des sens, ils ne sont qu'accessoires, bien qu'étant l'aiguillon provocateur.

Il faut donc que le sperme soit sécrété, élaboré d'abord, et éjaculé dans des conditions convenables. De là trois conditions essentielles pour que la Fécondation ait lieu ; si ces conditions font défaut, c'est autant de causes de Stérilité qui en résultent.

Ce chapitre sera donc divisé de la manière suivante : 1° Troubles de la sécrétion spermatique ; — 2° Troubles de la fonction d'excrétion. spermatique ; — 3° Mauvaises conditions du sperme ; — 4° Moyens à employer pour remédier à ces causes de stérilité.

Troubles de la sécrétion spermatique.

Un grand nombre de causes, les unes pathologiques, les autres physiologiques, peuvent troubler la fonction testiculaire. Ce sont, pour les premières, les maladies qui atteignent les glandes

20.

affectées à la fonction; pour les secondes l'âge ou trop tendre ou trop avancé, l'état général de la constitution, les diathèses, etc.

Maladies des testicules. — Nous ne pourrions nous étendre sur ce sujet sans faire double emploi avec ce que nous avons dit des causes de l'Impuissance. Il est inutile, par exemple, de répéter que l'absence des glandes spermatiques est une cause de Stérilité absolue.

Les testicules peuvent n'être absents qu'en apparence; assez souvent ils sont retenus dans la cavité abdominale, particularité anatomique connue sous le nom de *Cryptorchidie;* dans ce cas le sperme est mal élaboré, il ne contient pas de Zoospermes, partant est infécond. Les exceptions à cette règle, dans l'espèce, sont très rares. Mais il suffit que l'un des deux testicules soit descendu dans le scrotum, pour que l'individu soit apte à féconder sa compagne.

L'*Atrophie* des testicules est une cause de Stérilité, toutefois, à cet égard, il n'y a rien d'absolu; car, pour être plus ou moins troublée, la sécrétion opérée par ces organes peut n'être pas entièrement dépourvue de Zoospermes. Si l'atrophie est congénitale, la faculté fécondante sera encore plus affaiblie que si cette atrophie est accidentelle ou l'effet d'une inflammation, ou bien encore d'une compression répétée dans l'équitation, par exemple.

La *dégénérescence* cancéreuse ou tuberculeuse des testicules doit nécessairement altérer et la fonction de l'organe et la constitution du produit sécrété.

Il est inutile de revenir sur le rôle de la *Cryptorchidie*, dont nous venons de parler, et qui a été signalée déjà précédemment.

Les *maladies de l'épididyme* ne sont pas moins de fatals obstacles à la Fécondation ; l'inflammation de cette partie du testicule (l'*Épididymite*) a pour effet d'oblitérer, par un travail d'*induration* généralement très tenace, les canaux déliés et sinueux qui constituent cet organe. Toutes les fois que cette inflammation n'a pas produit l'induration en question, la fonction séminale ne subit aucun trouble, et l'on peut constater la présence des Spermatozoïdes dans le liquide éjaculé.

Il paraît donc certain que l'*induration* des deux épididymes, quelle qu'en soit la cause, entrave la marche des Zoospermes et les empêche d'arriver jusqu'aux vésicules séminales.

Ajoutons, toutefois, que cette affection n'entraîne pas de changement appréciable quant aux fonctions des organes génitaux.

On peut se demander maintenant si ce sont les animalcules seuls, ou le sperme lui-même, qui sont arrêtés dans leur marche. Ce qu'il y a de certain, c'est que le liquide éjaculé conserve ses qualités physiques et chimiques et l'odeur *sui generis* qui lui est propre. Pourtant, quelques physiologistes prétendent que ce liquide n'est autre chose, alors, qu'un produit de sécrétion des vésicules séminales; mais que le sperme vrai continue d'être élaboré par les testicules (ce qui explique la persistance des désirs vénériens). On sait qu'il rentre dans l'organisme par résorption, au lieu d'être évacué par le canal de l'urètre, dans le temps de continence.

Quand l'engorgement épididymique n'occupe qu'un seul testicule, le pouvoir fécondant persiste dans la glande restée saine. On comprend aussi que certains individus, après avoir été stériles les premiers mois qui suivent une épididymite double, puissent, au bout d'un certain temps, redevenir aptes à la Fécondation.

Troubles de l'excrétion spermatique.

L'oblitération ou la simple obstruction des canaux déférents et éjaculateurs et des vésicules séminales peut déterminer la Stérilité, en mettant obstacle à la marche comme à l'éjaculation du sperme. Mais ces causes sont difficilement constatées. Dans l'épididymite de nature blennorrhagique, le canal déférent participe à l'induration, ce dont il est facile de s'assurer en comprimant entre le pouce et l'index le cordon, en arrière duquel on distingue facilement ledit canal, qui donne la sensation d'une artère à parois résistantes.

Les vésicules séminales et les canaux éjaculateurs peuvent être le siège d'affections qui portent une grave atteinte à la nature du sperme et à sa provision.

La plus commune de beaucoup est une irritation, une surexcitation occasionnée par les pertes de semence passives (V. *Spermatorrhée*), qui appauvrissent la liqueur séminale en Zoospermes, ou peuvent même l'en priver tout à fait. Cette surexcitation, qui va jusqu'au degré inflammatoire, dans certains cas, est causée par l'abus des jouissances, l'habitude de l'onanisme, etc.

Les canaux éjaculateurs changent quelquefois de direction par suite d'un gonflement inflammatoire de la prostate : l'éjaculation est alors plus ou moins contrariée ; parfois même, au lieu d'être chassé par l'urètre, le sperme prend le chemin de la vessie et s'y perd.

Il arrive aussi que les muscles ischio et bulbo-caverneux exécutent mal leurs fonctions, par suite de causes semblables à celles que nous venons de signaler (masturbation, faiblesse générale ou locale, spermatorrhée) ; or, dans ces cas, le sperme stagne dans l'urètre ou en sort en bavant et présentant une fluidité plus prononcée qu'à l'ordinaire : c'est ce qui constitue l'*Aspermatisme*, dénomination inexacte, car le sperme ne manque pas alors, seulement il n'est pas poussé par des forces suffisantes.

En somme, toutes les causes de Stérilité chez l'Homme se réduisent à deux, radicales, l'*Aspermatisme* et la *Spermatorrhée* : dans le premier cas, le liquide fécondant n'arrive pas aux organes féminins, puisqu'il manque; dans le second, il y a perte incessante de ce produit de sécrétion, altération consécutive de sa constitution, ainsi qu'affaiblissement croissant des organes, d'où, tout à la fois, Impuissance et Stérilité.

Il est enfin une Stérilité relative, dépendante de certains états pathologiques de l'urètre, tels que corps étrangers obstruant ce canal, rétrécissements, brides, coarctations, contractilité spasmodique, etc., toutes causes dont le mode d'action est de gêner ou d'empêcher le cours du liquide prolifique.

L'*Hypospadias* et l'*Épispadias* jouent un rôle encore plus funeste, au point de vue de la Fécondation.

L'Hypospadias consiste en une conformation anormale, défectueuse, de l'ouverture urétrale; en effet, celle-ci se montre, non à l'extrémité, mais à la face inférieure de la verge; or, suivant qu'elle se trouve à la base du gland, ou plus ou moins près du scrotum, cette disposition imprime à l'individu qui en est affecté, un caractère de Stérilité plus ou moins marqué.

Quoi qu'on en ait dit, lorsque l'ouverture urétrale se trouve près du gland, le sperme peut être déposé à une profondeur du vagin suffisante pour que la Fécondation ait lieu; mais si elle est tout à fait en arrière, à la racine du membre viril, et surtout au fond d'une division longitudinale du scrotum où elle a été prise quelquefois pour la vulve (V. *Hermaphrodisme*), la Stérilité en est un effet certain, puisque la liqueur séminale ne va même pas lubrifier la vulve et qu'elle tombe entre les jambes du malheureux qui la fournit.

Il est bon de faire remarquer que la *brièveté du frein* de la verge, en abaissant considérablement le gland, peut faire croire à l'existence de l'Hypospadias.

L'*Epispadias* consiste en ceci, que l'ouverture urétrale est placée, non au-dessous de la verge, mais au-dessus. Cette anomalie est beaucoup plus rare que la précédente, mais ses conséquences sont les mêmes.

Nous devons ajouter, toutefois, que les Hypospades et les Épispades ne sont pas frappés de Stérilité absolue, que leur sperme peut être aussi fécond que chez tout autre homme : à preuve, que l'on peut rendre celui-ci père en le faisant se prêter à la Fécondation artificielle (v. ce mot). En voici un exemple.

Le Dr Girault raconte ce qui suit :

« Je fus consulté par M. M..., musicien de talent, qui était affecté d'un Hypospadias aux 2,3 postérieur de la verge. Il me dit que lui et sa femme avaient grande envie d'avoir des enfants, mais que dans sa position il ne pouvait espérer ce bonheur. Je le consolai beaucoup en lui promettant de surmonter cette difficulté si sa dame voulait s'y prêter. Je lui parlai de mon procédé, qui ne lui convint pas beaucoup; mais comme c'était le seul moyen, il fallut bien s'y soumettre. Le 27 août 1840, il vint avec sa femme, âgée de 24 ans. Celle-ci, pour plaire à son mari, était prête à se soumettre à toutes les exigences. L'examen des organes génitaux démontra leur parfait état. Je connaissais le fait rapporté par Hunter d'un homme atteint de la même affection et qui rendit sa femme enceinte en injectant dans le vagin le sperme qu'il venait de recevoir dans une seringue; mais je crus plus prudent et plus sûr de pratiquer l'injection dans l'utérus. Je laissai la femme et le mari ensemble, et au bout de quelques instants le mari me remit sa liqueur séminale dans un petit vase que je lui avais laissé. Je mis le sperme dans ma sonde, je fis coucher la femme sur un canapé, j'introduisis la sonde dans le col utérin et je soufflai avec ma bouche dans le petit entonnoir. La dame M... était au vingt-troisième jour de ses règles, qui ne revinrent pas. Elle devint enceinte et accoucha d'une fille le 30 mai 1841. Je n'étais plus à Paris : je reçus cette nouvelle en province, et depuis je n'ai plus entendu parler de cette famille. »

L'*âge* doit être pris en considération dans les questions d'Impuissance et de Stérilité. Nous avons indiqué déjà les époques de la vie où les fonctions génitales sont appelées à s'exercer. Il est bien entendu que nous avons ici en vue la Fécondité, non l'Impuissance, car celle-ci peut ne pas exister alors que la Stérilité est certaine. Par exemple, l'adolescent dont la liqueur spermatique est encore dépourvue de Zoospermes exercera le coït avec une grande ardeur ; le vieillard, qui sécrète un sperme dépourvu de ces animalcules, est susceptible d'entrer en érection et de se livrer à la copulation, et cependant l'un et l'autre sont stériles.

Mais voici une question embarrassante qui surgit. Le sperme des Hommes très avancés en âge (86 ans, Duplay) contient encore des Spermatozoïdes, et pourtant à cet âge on ne féconde plus la Femme, quoiqu'on puisse encore s'acquitter assez bien de la fonction copulatrice. Pourquoi cela? « Si les vieillards ne sont pas aptes à se reproduire, ce que l'on observe le plus généralement, et si, d'un autre côté, la présence des Spermatozoaires constitue la qualité fécondante de la liqueur séminale, c'est moins à la composition de leur sperme qu'aux conditions de l'art reproducteur qu'il faut attribuer l'infécondité des vieillards. »

Quelles sont alors ces conditions? Roubaud croit avoir acquis la certitude que l'infécondité de l'âge avancé tient, dans la *majorité des cas*, surtout chez les individus qui possèdent des animalcules spermatiques normaux, à une diminution notable de la force d'émission de la liqueur séminale.

Des animalcules *normaux* : toute la question ne serait-elle pas là? A ce sujet, rappelons ce que dit encore Girault.

Nous passerons sur l'influence du tempérament, de la constitution, de l'état de santé ou de maladie, etc., parce que d'abord ce sont les causes d'Impuissance plutôt que de Stérilité, et qu'ensuite nous en avons parlé précédemment.

Moyens de combattre la stérilité de l'Homme.

Toutes les causes de Stérilité chez l'Homme

consistant en états pathologiques de l'appareil
générateur ou en affections générales, diathésiques, comme syphilis ancienne, etc., il est évident que c'est contre ces maladies qu'il faut
diriger ses efforts pour restituer, s'il est possible, la faculté fécondante à l'individu qui l'a
perdue accidentellement. Malheureusement la
Stérilité est plus souvent permanente, incurable, que temporaire. En tout cas, c'est au
médecin ou plutôt au chirurgien qu'il appartient de remédier aux causes nombreuses et
très diverses qui ont été passées en revue.

On accuse trop souvent et trop légèrement
les Femmes d'infécondité, tandis que beaucoup d'Hommes seraient les seuls responsa-
bles. Coster raconte qu'il avait pour client
intime un riche négociant américain qui, en
l'initiant aux détails de sa vie privée, lui ap-
prit qu'il était à la veille de répudier sa
femme, quoi qu'il l'aimât beaucoup, parce
qu'elle le privait des joies de la paternité.
Coster fit ajourner une décision, considérée
comme un grand malheur pour les conjoints,
en les faisant consentir à une consultation qui
n'était pas ici sans difficulté. « Choisi comme
consultant, dit le professeur Pajot, je cons-
tatai que la jeune Américaine possédait tous
les attributs de la santé, de la force, de la
beauté. Un examen minutieux de tous les or-

ganes montra qu'ils étaient aussi irréprocha-
bles que les formes extérieures. C'est donc
ailleurs qu'il fallait rechercher les causes
de la Stérilité, et ce fut le mari qui nous les
fournit; les Spermatozoïdes, sous la lame du
microscope, furent reconnus privés de vie. A
la suite de l'examen d'un habile micrographe
de cette époque, M. Oberhauser, aucun doute
n'était possible. Une syphilis ancienne mal
traitée fut accusée par le mari et constatée.
Dès lors, Coster et moi nous instituâmes un
traitement spécial méthodique, qui fut para-
chevé par une saison passée à Bagnères-de-
Luchon, sous la direction du Dr Fontan. Après
un délai de six mois, notre Américain de-
manda une nouvelle expertise de la sécrétion
séminale faite par Oberhauser ; elle fut satis-
faisante, les Spermatozoïdes avaient récupéré
toute leur vitalité, et depuis, plusieurs enfants
témoignaient de leur puissance virile, à la très
grande joie des époux. »

§ 2. Stérilité chez la Femme.

La part que prend la Femme à l'acte de la
Génération est très complexe; de plus, cet acte
se passe dans les profondeurs de l'organisme;
en sorte qu'il est le plus souvent très difficile,

sinon impossible, de déterminer la cause qui empêche que les rapports sexuels soient suivis de fécondation.

En analysant les différentes conditions physiques qui marquent l'action copulatrice de la Femme, on les ramène à trois principales, qui sont : 1° la Réceptivité de la liqueur fécondante ; — 2° l'Ovulation et le passage de l'ovule de l'ovaire aux trompes ; — 3° l'Imprégnation.

Ce chapitre se terminera par la revue des Moyens de combattre la Stérilité féminine.

Quant aux influences qui découlent de la constitution, des idiosyncrasies et de ce que l'on a appelé *l'harmonie d'amour*, il en a été suffisamment question au cours de l'ouvrage et du chapitre Stérilité.

Troubles de la réceptivité de l'utérus.

Le sperme, pour pénétrer dans la matrice et aller féconder l'ovule, ne trouve qu'un passage fort étroit : C'est le col de l'utérus qui le lui offre, pouvu qu'il soit bien conformé, c'est-à-dire ni hypertrophié, ni atrophié et qu'il présente une direction convenable avec son ouverture libre. Il faut encore qu'il ne soit pas le siège d'une vitalité anormale, consistant soit dans une atonie, soit dans une sur-excitation exagérée.

21.

L'*atrophie* du col de l'utérus peut nuire à la Fécondation en rompant les rapports du gland pénien avec ce même col, au moment des rapports sexuels ; mais elle ne l'empêche pas absolument .tant que le museau de tanche n'est pas obstrué.

L'*hypertrophie* du col renverse la question, quant aux rapports de la verge avec l'utérus.

L'*oblitération* du museau de tanche est évidemment une cause de Stérilité, qui sera permanente ou passagère selon le caractère de l'obstacle.

Une espèce d'oblitération très fréquente et heureusement facile à faire disparaître est celle qui consiste dans une accumulation d'un mucus ou muco-pus épais causé par état inflammatoire de la membrane interne du col ou du corps de l'utérus.

Une *direction vicieuse* du col ou du corps de la matrice est encore une cause fréquente du défaut de Fécondation.

Ce sont là des questions de menstruation et de mécanique physiologique. On doit comprendre alors que ce qui peut être le plus favorable à la Fécondation, c'est que, dans l'acte du coït le museau de tanche et l'extrémité de la verge se trouvent en rapport le mieux possible. Si cette condition n'existe pas, le liquide séminal est lancé, non pas sur l'ouverture de la matrice, comme cela devrait être, mais contre la paroi antérieure ou postérieure du col, selon que celui-ci est dirigé en arrière ou en avant.

Les directions anormales de l'organe gestateur sont extrêmement communes. Elles sont tantôt permanentes, indépendantes de l'acte copulateur, tantôt, au contraire, accidentelles, causées par l'action de la verge ou par la position de la Femme dans le congrès, disparaissant alors lorsque l'acte est fini. Dans d'autres cas, ce n'est pas le col seulement qui est dévié, c'est la matrice tout entière, qui, tantôt s'abaisse en masse, jusqu'à montrer son col à l'ouverture vulvaire, tantôt se fléchit en totalité ou par moitié (*flexions*), soit en arrière soit en avant.

Ces divers genres de *déplacements*, sauf ceux où le col applique son ouverture contre la vessie ou contre le rectum, peuvent contrarier la faculté fécondante de la femme, mais ils ne constituent pas des causes de stérilité. L'abaissement de la matrice serait plutôt une condition favorable à la conception, surtout si le congrès s'accomplit avec un Homme dont la force d'éjaculation n'est pas considérable.

La matrice peut être dans un état de sensibilité et d'*exaltation spasmodique*, faisant obstacle à la fécondation par le resserrement de ses fibres et celui des parois du court canal qui du museau de tanche va dans la cavité utérine. Ou bien c'est défaut de coïncidence entre l'éjaculation et le mouvement spécial de réceptivité utérine. Ces mouvements utérins spasmodiques sont partagés par le bassin de la Femme, voire même par tout son organisme en vertu des lois de sympathie. Lucrèce n'ignorait pas cela, puisqu'il a dit : « *Est et aliud quod peto, audiatis sine risu, scilicet forma et ratio concucubitus; quia si mulieres in concubitu retractant clunes et frequenter agitent, non concipiunt.* »

« Comme on le voit, non seulement l'existence des spasmes utérins, mais encore leur coïncidence avec les spasmes cyniques ont été depuis longtemps reconnues, et l'on s'étonne que, devant une explication si naturelle de la stérilité de certaines femmes, des écrivains se soient égarés à la poursuite d'une harmonie d'amour et n'y aient vu qu'une union mal assortie de tempéraments, de passions, d'inclinations. » (F. Roubaud.)

En parlant des obstacles à l'imprégnation, nous signalerons les *excès copulateurs* et les *excès voluptueux*, qui peuvent nuire à la fécondité ou produire une Stérilité temporaire.

Troubles de l'ovulation.

Dans les fonctions génératrices, les ovaires jouent, chez la Femme, un rôle analogue à celui des testicules chez l'Homme. Par conséquent leurs altérations, de toutes sortes, deviennent causes de Stérilité, presque toujours absolue lorsque les deux organes sont intéressés. L'indice certain que leur maladie n'est point grave, ou du moins qu'elle laisse l'un des deux ovaires dans son intégrité, c'est une menstruation régulière. Toutefois, de ce qu'une Femme est irrégulièrement ou pas du tout réglée, il ne faut pas conclure à son infécondité : le défaut ou les troubles de la menstruation peuvent tenir, en effet, à un simple état idiosyncrasique, sans que la santé générale en reçoive une atteinte qui retentisse sur la faculté de concevoir.

Il importe donc de distinguer le cas : d'abord si l'absence des menstrues est sous la dépendance d'une affection des ovaires, puis si cette affection est de nature organique ou simplement nerveuse. A cet égard, on peut formuler les lois suivantes :

« 1° La menstruation régulière, c'est-à-dire la sécrétion, le développement et l'expulsion d'une vésicule de Graaf, peut, dans quelques rares circonstances, se produire sans hémorragie menstruelle, ou son absence être l'effet d'une idiosyncrasie. Dans ces cas où la Fécondation est possible, la menstruation est *toujours* trahie par quelque phénomène soit général, soit local.

« 2° La menstruation régulière, c'est-à-dire la sécrétion, le développement et l'expulsion d'une vésicule de Graaf, peut se produire sans hémorragie menstruelle, pár suite d'un état morbide de l'utérus. Dans ce cas, la Fécondation est possible, *eu égard, bien entendu, à la fonction ovarienne*, et la menstruation est *toujours* trahie par quelque phénomène soit général, soit local.

« 3° La menstruation régulière, c'est-à-dire la sécrétion, le développement et l'expulsion d'une vésicule de Graaf, interrompue ou supprimée par une maladie des ovaires, suspend ou tarit *toujours* l'écoulement cataménial, et cette absence de l'hémorragie menstruelle n'est *jamais* remplacée *périodiquement* par un phénomène anormal quelconque. »

Il n'appartient qu'au médecin de pouvoir se rendre compte des diverses affections auxquelles il vient d'être fait allusion. Mais bien d'autres altérations ovariennes peuvent se rencontrer, telles que déplacements, hernies, corps étrangers des ovaires, lesquels, nécessairement, annihilent le pouvoir de conception, à moins que le trouble matériel n'existe que dans un seul organe, l'autre restant à sa place et sain.

On admet comme cause de Stérilité un avortement des vésicules ovariennes, mais c'est là un phénomène qui se passe dans la profondeur des organes de la reproduction et qui ne se manifeste pendant la vie par aucun signe positif. Le peu de lumière qui a pu être jetée sur cette cause particulière est due à l'anatomie pathologique, c'est-à-dire aux recherches faites après la mort.

« Les altérations des vésicules ovariques, dit Négrier, ont une cause prochaine commune, qui consiste dans un arrêt de développement. Cette suspension de l'évolution vésiculaire peut déterminer un véritable avortement des vésicules à tous les degrés de leurs transformations. Et cet avortement, selon qu'il est complet ou partiel, devient l'occasion d'inflammation grave ou de diverses altérations chroniques des ovaires, comme kystes, hydropisie, squirrhe, etc. »

Les troubles de l'ovulation sont encore causés par des états pathologiques des trompes de Fallope, tels que vices de conformation, lésions traumatiques, obstructions, oblitérations, et même par de simples lésions vitales ou fonctionnelles, consistant en un défaut de vitalité, en mouvements spasmodiques, etc. Mais sur ce point la physiologie est aussi peu avancée que la pathologie.

Obstacles à l'Imprégnation.

Que doit-on entendre par *Imprégnation?* Ce mot signifie, ce nous semble, rencontre du produit mâle et du produit femelle et mode de leur union mutuelle pour donner la vie au nouvel être. Or ce sujet, aussi mystérieux que difficile à pénétrer, a été effleuré au chapitre qui traite des phénomènes intimes de la Fécondation, où nous renvoyons le lecteur.

La question des obstacles à l'Imprégnation se confond avec celle relative aux troubles de l'ovulation, que nous venons de passer en revue.

Mais il n'y a pas que les affections organiques, physiques, traumatiques des organes génitaux qui empêchent la Fécondation d'être; il faut tenir compte aussi des lésions vitales de l'utérus et de ses annexes, de la part que prend la Femme au point de vue du plaisir et des excès de coït qu'elle commet, etc.

L'excitabilité du col utérin ne doit être ni trop affaiblie ni en excès. Nous avons déjà parlé de la forme spasmodique de cette excitabilité, et c'est la seule, au reste, qui puisse

s'opposer à l'entrée du sperme dans la matrice. Quelles en sont les causes? C'est l'impressionnabilité de la Femme, le plaisir excessif
dans l'acte copulateur, des pratiques de l'onanisme conjugal, c'est-à-dire le coït incomplet,
l'excitation voluptueuse sans réception de la
liqueur spermatique.

Quant à l'excitabilité affaiblie du col de
l'utérus, elle se rattache à la faiblesse de la
constitution, à la froideur du tempérament, sauf
abus vénériens, à l'onanisme, comme dans le
cas précédent.

Roubaud a écrit un chapitre intéressant sur
les excès copulateurs et les excès voluptueux
au point de vue de leur influence sur l'Imprégnation. Nous allons le reproduire en partie.

« Avant les recherches de Parent-Duchâtelet, il était d'opinion courante que les prostituées étaient généralement stériles; on ne se
rendait pas un compte exact des motifs de
cette infécondité, et, sans plus ample informé,
on en faisait un attribut fatal de ce misérable
métier.

« Parent-Duchâtelet ne se contenta pas de
raisons aussi légères et il entreprit de donner
une base solide à l'opinion, quelle qu'elle fût,
que l'on devait se faire de l'aptitude des prostituées à la fécondation.

« Ses recherches l'amenèrent à des résultats

22

bien différents de ceux sur lesquels reposait la croyance commune ; et, s'il reconnut, en effet, qu'un petit nombre de prostituées parvient jusqu'au terme ordinaire de la gestation, il constata, qu'en général, ces malheureuses n'avaient point perdu l'aptitude à la fécondation. Soit qu'elles le provoquent par des moyens criminels, soit que les circonstances anormales de leur vie de débauche et de désordres le favorisent, un avortement plus ou moins précoce est le résultat ordinaire de leur conception. Sans nous arrêter à l'avortement provoqué par des manœuvres coupables et dont personne ne met en doute la fréquence, je rappellerai, comme confirmant les idées que j'ai déjà émises sur les avortements précoces et dont j'aurai plus loin à étudier l'étiologie, je rappellerai le passage suivant du livre de Parent-Duchâtelet, qui contient en même temps l'opinion d'un des hommes les plus compétents en embryologie, de M. Serres : « J'ai parlé plus haut, dit Parent-Duchâtelet, de l'irrégularité de la menstruation chez quelques prostituées et des interruptions que présentait chez elles cette évacuation dans une foule de circonstances ; ne pourrait-on pas les attribuer à une conception et à une véritable grossesse? Cette opinion qui a été émise devant moi par plusieurs médecins et physiologistes distingués, acquiert une grande probabilité par les observations faites par M. Serres, lorsque les prostituées étaient soignées dans une des divisions de la Pitié. »

Je transcris ici les réponses que cet académicien fit à mes questions : « Les pertes « abondantes sont rares chez ces femmes, « mais les plus jeunes ont souvent des retards « dans leurs règles, qui se terminent par « l'expulsion de ce qu'elles appellent un « *bondon*. Pendant deux années je ne fis pas « attention à cette expression ; mais, ayant « dirigé mes recherches sur l'embryologie, « j'examinai avec soin ces productions, et il « me fut facile d'y reconnaître tous les carac- « tères de l'œuf humain. J'ai pu, dans un « court espace de temps, en recueillir un « grand nombre, qui tous étaient sortis à une « époque qui indiquait une conception de « quatre à cinq semaines ; c'est toujours sur « des filles de dix-huit à vingt-quatre ans que « j'ai pu faire ces observations (1). »

« Cette dernière phrase semblerait indiquer que l'exercice prolongé du métier de prostituée fait même perdre le triste privilège de l'avortement précoce par l'absence complète de toute conception ; cependant, il est d'une no-

____

(1) *De la prostitution dans la ville de Paris.*

toriété incontestable que, lorsqu'une de ces malheureuses dit adieu au lupanar, se marie ou rentre dans les conditions d'une vie régulière, non seulement elle montre, comme toute autre femme, l'aptitude à la fécondation, mais encore elle retrouve la faculté de porter à terme le fruit de sa conception et de lui communiquer une vitalité qui n'est pas inférieure à celle des autres enfants. »

Moyens de remédier aux causes de stérilité de la Femme.

Ici, comme dans tous les troubles de l'économie soit généraux, soit locaux, il faut avoir en vue l'axiome si connu en médecine : *Sublata causa tollitur effectus.* Écarter les causes, tel est le premier soin qu'il faut prendre.

Mais est-il toujours facile de remplir cette indication impérieuse? Malheureusement non, moins encore peut-être quand il s'agit des causes de la Stérilité que dans toute autre circonstance. En effet, ainsi que nous venons de le voir, les obstacles à la Fécondation chez la Femme tiennent le plus souvent à des vices de conformation auxquels il n'est pas possible de remédier, ou à des maladies qui, en modifiant la constitution des organes sexuels, leur ont fait perdre la faculté d'exécuter leur plus délicate et importante fonction.

Cependant, certains états de la matrice, tels que l'inflammation, le catarrhe du col, les flueurs blanches, les hémorragies, etc., les déviations ou déplacements de cet organe, surtout, peuvent être combattus par un traitement approprié, de manière à restituer à la Femme le pouvoir de féconder qu'elle avait perdu temporairement.

Nous ne voulons pas empiéter sur le domaine de la médecine, encore moins sur celui de la chirurgie, mais il nous sera permis de recourir à la mécanique pour replacer, redresser et maintenir la matrice dans une position favorable à la réception du fluide séminal.

L'*élévation* exagérée de l'utérus est rare, et quand elle existe elle se rattache à quelque autre affection qu'il faut combattre.

L'*abaissement* est très commun : il ne rend pas la Fécondation impossible, à moins qu'il n'y ait prolapsus ou *chute de la matrice*.

Le *renversement* est un état plus grave qui consiste en ce que le fond de l'utérus fait hernie à travers le col dans le vagin; c'est un obstacle radical à la Fécondation.

Quand à l'*inclinaison*, en arrière ou en avant, on y remédie au moyen des pessaires, de l'éponge préparée; et, si l'on a lieu de penser que la Stérilité n'est due qu'à ce genre d'affection, il est possible de la faire cesser momentanément. Il suffirait de ramener la matrice à sa position normale au moyen du toucher vaginal, pratiqué très peu de temps avant la copulation, de façon à ce que l'organe n'ait pas encore repris sa position vicieuse avant que le sperme soit lancé sur lui.

C'est dans ces cas si communs de déplacement de la matrice, sans autres altérations graves de celle-ci, que les médecins ordonnent les bains froids, les bains de mer, les eaux minérales, l'usage des ceintures hypogastriques, des bandages contentifs, etc., seuls moyens doués de quelque efficacité et n'entraînant pas les inconvénients des procédés mécaniques.

L'*inertie* des organes génitaux peut, aussi bien chez la Femme que chez l'Homme, devenir un obstacle à la Fécondation. Mais c'est là une cause transitoire et mal définie du reste. Les moyens de la combattre sont : un régime tonique, excitant, les bains de mer ou de rivière l'été, les frictions, l'hydrothérapie, quelques aphrodisiaques, etc.

L'*obésité* est un signe de déchéance de l'instinct de reproduction chez l'un et l'autre sexe, mais elle conduit bien plus vite la Femme que l'Homme à la Stérilité.

Nous entrons dans des détails que nous voudrions pouvoir passer sous silence, tant nous craignons qu'ils effarouchent de pudiques oreilles et de respectables et religieux principes. Mais nous ne devions pas commencer si nous ne voulions tout dire. En tout cas, nos intentions sont pures.

Une attitude nouvelle prise pour consommer l'acte conjugal peut déterminer une Fécondation vainement attendue de la position horizontale, qui est celle de l'Homme couché sur la Femme. En effet, si le col de la matrice est dirigé en arrière, le museau de tanche regardant le rectum, ce qui est extrêmement commun, n'est-il pas possible que, par suite du congrès *à tergo*, la Femme étant à genoux et appuyée sur ses coudes, l'Homme en posture de quadrupède, le pénis se mette plus facilement en rapport avec l'ouverture du col? Nous avons plus d'une preuve que ce moyen, conseillé par nous, a donné satisfaction aux époux.

Les attitudes peuvent être variées; mais il ne faut pas que ce soit dans un but d'une luxure cynique, comme celle qui dirigea la courtisane Cyrène lorsqu'elle inventa les diverses postures que Tibère fit peindre dans une des pièces de sa maison de Caprée.

Une union se montre-t-elle stérile, presque toujours on en rapporte la cause à la Femme. Ce n'est ni exact, ni juste. Sans doute, celle-ci, en raison de la structure très complexe de son appareil génital et de la diversité des maladies qui peuvent l'atteindre, recèle en elle, plus fréquemment que l'Homme, les conditions d'infécondité ; mais du côté de ce dernier se rencontre une cause extrêmement commune et dont on ne tient pas assez de compte : je veux parler de l'*épididymite double*, c'est-à-dire de l'engorgement inflammatoire, chronique et d'origine gonorrhéique des deux épididymes. Il est peu de jeunes gens, hélas ! qui ne se soient exposés à contracter la blennorrhagie, qui ne l'aient eue, même plutôt deux fois qu'une ; or parmi eux un grand nombre ont été affectés d'orchite et de sa conséquence presque inévitable, l'inflammation de l'épididyme. L'engorgement chronique de cet organe met donc obstacle au cours du sperme et prive ce liquide de sa propriété fécondante, qui consiste dans la présence des Zoospermes.

Le manque de Fécondation peut tenir encore, du côté de l'Homme, soit à ce que son membre est trop court, soit, au contraire, à ce qu'il a une longueur disproportionnée ; dans le premier cas, le sperme peut ne pas aller frapper le col de la matrice, surtout si celui-ci est très élevé, et alors des essais de postures diverses sont permis ; dans le second cas, c'est un effet contraire : la matrice est désagréablement titillée, ou bien le pénis verse la semence dans le cul-de-sac du vagin, soit en avant, soit en arrière, et l'imprégnation ne peut s'opérer. Ce qu'il faut faire pour remédier à cet inconvénient est très simple : l'Homme diminue la longueur de son organe au moyen d'un bourrelet en forme d'anneau et fixé à sa base : l'épaisseur de ce bourrelet raccourcit d'autant le pénis.

Y a-t-il des substances qui, ingérées dans l'estomac, aient la propriété de rendre la Femme féconde? — Nous n'en connaissons pas. (V. *Fécondité*. — *Fécondation artificielle*.)

§ 3. Hermaphrodisme.

L'Hermaphrodisme est l'état d'un être qui a les deux sexes. Cet état existe dans le plus grand nombre des plantes et dans certains animaux inférieurs. Mais chez l'espèce humaine, il n'a jamais existé, du moins en tant qu'il se montre *vrai*, complet. N'empêche que le vulgaire y attache l'idée d'un être merveilleux, à la fois homme et femme, pouvant remplir dans l'acte de la reproduction, le double rôle de fécondant et fécondé.

Le prétendu hermaphrodisme humain n'est autre chose qu'un vice de conformation des organes génitaux, en vertu duquel l'individu qui le présente offre, avec l'apparence d'un sexe, quelques-uns des caractères de l'autre ; mais sans qu'aucun rôle lui soit dévolu dans les fonctions génératrices, sauf certaines exceptions extraphysiologiques ou morales. (V. *Onanisme.*)

Par des études d'embryogénie délicates, patientes, on est parvenu à se rendre compte du mode d'action de la Nature dans ses écarts, de l'erreur de la force vitale à laquelle on doit les monstruosités. Ces études ne nous importent point. Il nous suffit de consigner quelques faits d'observations et d'erreurs commises.

L'auteur de l'article Hermaphrodisme du *Dictionnaire de médecine et de chirurgie* divise ce sujet en hermaphrodisme apparent et en hermaphrodisme vrai. Nous suivrons cette division.

Hermaphrodisme apparent. — Les Hermaphrodites apparents du sexe masculin ne sont que des hypospades très profonds (v. *Hypospadias*). « Le scrotum, bien réuni sur la ligne médiane, forme de chaque côté deux replis plus ou moins épais qui simulent des grandes lèvres, mais entre lesquels on ne trouve le plus souvent qu'un cul-de-sac peu profond ou même une simple dépression. Dans quelques cas, cependant, on rencontre les apparences d'une vulve presque normale ; et entre les replis de la peau s'ouvre un semblant de vagin qui atteint quelquefois une longueur de 6 à 8 centimètres, mais dont l'étroitesse et la brusque terminaison indiquent la nature réelle. »

Sur ce point, il est une remarque importante à faire, c'est que les individus réputés femmes ont eu, soit dans le mariage, soit en se livrant à la débauche, à subir les approches d'un homme, et que les tentatives répétées de celui-ci ont amené peu à peu l'élargissement et le refoulement de cet infundibuliforme. L'urètre, dans tous les cas, s'ouvre au-dessous du prolongement pénien, plus ou moins en arrière.

Chez la plupart de ces individus, les testicules et leurs annexes sont restés retenus à l'intérieur de l'abdomen, si bien qu'ils sont en même temps hypospades et cryptogames.

Ambroise Paré parle d'un jeune garçon considéré comme femme, dont les testicules, dans un effort violent pour sauter un fossé descendirent dans ses bourses mal formées.

Marie Gottlich, dit Landouzy, baptisé comme fille, livré à de fréquents rapports sexuels avec les hommes depuis l'âge de neuf ans, vit ses testicules descendre à l'âge de trente-trois ans.

Ricco rapporte l'observation de Maria Arsano, mort à quatre-vingts ans, lequel fut réputé femme pendant sa vie et marié comme telle. Ce n'est qu'à l'autopsie qu'on découvrit son véritable sexe.

Alexandrina B... a été élevé dans les couvents et dans les pensionnats de jeunes filles jusqu'à l'âge de vingt-deux ans ; rendu à son véritable sexe par un jugement du tribunal de la Rochelle, il termina sa misérable existence par le suicide.

Dans ces exemples, et dans tous les cas analogues, — car les variétés sont nombreuses, — les principaux attributs de la virilité, barbe et timbre de la voix, manquent, ils sont remplacés par une apparence féminine qui favorise l'erreur sur le véritable sexe. Les facultés affectives et les dispositions morales en subissent aussi le contre-coup ; mais une large part doit être faite aux habitudes et aux genres d'occupations qu'impose l'erreur commise.

Quant aux impressions sensuelles, la plupart des hermaphrodites (prétendus) n'en éprouvent d'aucun genre. Ceux dont la malformation des organes sexuels est la moins complète ne sont pas éloignés du commerce des femmes ; ils peuvent ressentir des désirs, des jouissances, et l'orgasme vénérien peut aller jusqu'à l'émission du sperme.

Le penchant peut changer de direction. Marie Gottlich, déjà citée, après avoir manifesté un goût très vif pour le commerce des hommes, fut ramenée par la descente des testicules, à des instincts tout opposés et en rapport avec son véritable sexe.

L'Hermaphrodisme apparent *dans le sexe féminin* donne moins facilement accès à l'erreur en général. En effet, l'imperforation ou l'absence du vagin, voire même la non-existence de l'utérus, n'empêche point la bonne conformation des parties externes. Cependant il est des cas où le clitoris est tellement développé qu'il peut être pris pour une verge, et, d'autre part, où les ovaires font saillie dans les grandes lèvres de manière à faire croire à la présence des testicules.

Home cite l'exemple d'une négresse mandingo, âgée de vingt-quatre ans, à voix rauque, à physionomie mâle, chez laquelle le clitoris avait deux pouces de long, il entrait facilement en érection et avait toute l'apparence d'une verge imperforée.

Montaigne rapporte l'histoire d'un moine d'Issoire qui accoucha dans sa cellule, fait analogue à celui de ce soldat hongrois qui mit au monde un enfant en plein champ.

Cęs individus n'avaient du sexe masculin que des signes extérieurs trompeurs, résultant principalement d'un développement exagéré du clitoris.

« En résumé, la difformité des organes génitaux externes chez les hermaphrodites du
sexe féminin varie depuis l'existence d'une
vulve presque normale jusqu'à celle d'un
scrotum. Quant au clitoris, il peut atteindre
les dimensions d'une véritable verge.

« Pour les organes internes, utérus, trompes
et ovaires, on les retrouve, mais bien rarement,
assez régulièrement conformés pour que la
menstruation existe et que la grossesse même
puisse se produire. Ce n'est que dans ces cas
que les goûts et les instincts sont absolument
ceux de la Femme; mais, le plus souvent,
l'utérus et les ovaires n'existent que plus ou
moins atrophiés et pour ainsi dire à l'état la-
tent, et on se trouve en face soit de passions
manifestement viriles, ce qui est une véritable
exception, soit d'une neutralité physiologique
absolue, comme dans les cas correspondants
d'Hermaphrodisme chez l'Homme. »

Hermaphrodisme vrai. — Ce type présente
trois variétés principales où l'on trouve les
organes caractéristiques de l'un et de l'autre
sexe chez le même individu :

1° L'Hermaphrodisme est dit *latéral* quand,
le corps du sujet, étant supposé partagé en
deux moitiés par un plan vertical antéro-postérieur, l'un des côtés contient des organes
mâles et l'autre des organes femelles.

2° L'Hermaphrodisme est *vertical* ou *double* quand, du même côté de la ligne médiane il s'est formé à la fois un organe mâle et un organe femelle, et qu'on rencontre en même temps, d'un même côté, trompe, utérus, épididyme et vésicules séminales, ou bien testicules, trompe et utérus. Il va sans dire que ce n'est qu'après la mort que ces particularités d'organisation peuvent être constatées.

3° Un exemple d'*Hermaprhodisme bi-sexuel*. « Rokitansky a présenté, en 1869, à la Société de médecine de Vienne, les résultats de l'autopsie d'un nommé Hoffmann, chez lequel il trouva deux ovaires avec leur trompe respective, un utérus rudimentaire et, de plus, un testicule avec canal déférent contenant des Spermatozoïdes. Cet individu, qui était singulièrement menstrué, avait un pénis imperforé et un scrotum bifide. L'indifférence sexuelle était absolue. »

Terminons par l'observation d'un sujet plus extraordinaire encore :

« Dorothée Perrier, née en Russie le 17 août 1790, est un des Hermaphrodites qui ont fixé l'attention d'un plus grand nombre de médecins. Il fut inscrit sur le registre des naissances comme fille, et eut, à l'époque de sa puberté un écoulement menstruel qui ne se renouvela que pendant six mois. Le docteur Hufeland, l'ayant scrupuleusement examiné, en 1801, se prononça pour le sexe féminin. Après un examen non moins scrupuleux, J. Frank avoua qu'il penchait pour le sexe masculin. Dorothée Perrier parcourut successivement la Prusse, l'Autriche, l'Allemagne, l'Angleterre et la France, se montrant à tous les hommes de l'art qui désiraient la voir : les uns la déclarèrent Homme, les autres Femme, sans qu'il y eût de preuves plus convaincantes pour le sexe masculin que pour le sexe féminin.

« Entrée à l'hôpital pour une grave maladie, Dorothée fut placée dans la salle des hommes, où elle succomba quelques jours après. Le chirurgien de service, surpris de voir à ce cadavre des mamelles aussi grosses que celles d'une femme, eut la curiosité d'examiner les parties génitales. Au premier coup d'œil il aperçut les deux sexes situés l'un au-dessous de l'autre : le membre viril en haut, la vulve en bas. Après s'être bien assuré que le membre n'était pas un clitoris fortement développé et la vulve un vain simulacre, le chirurgien procéda aussitôt à la dissection des organes génitaux intérieurs : il trouva un canal déférent qui, partant des testicules, allait s'ouvrir dans une vésicule séminale située à droite. Cette vésicule communiquait au canal de la verge par un conduit éjaculateur. Entre la vessie et le gros intestin existait une matrice aplatie pourvue d'une trompe et d'un ligament : l'ovaire situé à gauche était parfaitement sain et de la grosseur d'une aveline.

« En face de cette organisation androgyne si frappante, les médecins et chirurgiens de l'établissement avouèrent qu'ils ne voyaient aucune impossibilité à ce que Dorothée Perrier eût pu se féconder elle-même sans le secours d'un Homme. Ce cas d'Hermaphrodisme complet est vraiment extraordinaire, et nous en avons rapporté l'observation telle quelle, sans y ajouter aucun commentaire. »

CINQUIÈME PARTIE

MARIAGE — GROSSESSE

I

LE MARIAGE

Le Droit du seigneur. — Devoir des conjoints. — Heureuses influences du mariage. — Mariages intempestifs et disproportionnés. — Maladies mettant opposition au mariage. — Mariages consanguins. — Rapports conjugaux. — Contrainte morale. — Malthusianisme. — Création des sexes à volonté. — Mégalanthropogénésie. — Hygiène du mariage. — Conseils aux hommes. — Conseils aux femmes. — Cas de nullité de mariage. — Séparation de corps. — Divorce.

Le mariage est la société de l'Homme et de la Femme qui s'unissent pour perpétuer leur espèce, pour s'aider par des secours mutuels à porter le poids de la vie et pour partager leur commune destinée. » (Portalis.)

La propagation de l'espèce n'est point l'unique but du Mariage elle ne lui est même pas essentielle, puisqu'un Mariage peut être valide alors même qu'il est contracté dans des conditions qui ne laissent aux époux aucune espérance d'avoir une postérité. Tel est, par exemple, le Mariage *in extremis*, celui qui est célébré à l'article de la mort de l'une des parties, dans le but de rétablir l'honneur d'une femme ou d'effacer la tache de la naissance d'un enfant naturel, en le légitimant.

La question de Mariage a des aspects extrêmement nombreux. Il n'est pas de notre dessein d'en examiner toutes les faces, de dire, par exemple, en quoi il consistait chez les divers peuples, aux diverses époques, ni de quelles cérémonies ou coutumes il était accompagné. Qu'il nous suffise d'ajouter que toutes les nations l'ont honoré et célébré, même celles qui admettaient la polygamie et le concubinat; mais chez elles aussi, le Mariage était une affaire de famille à laquelle le prêtre ne se mêlait point.

Les Grecs firent de l'union conjugale un implacable absolutisme du maître et seigneur sur l'esclave. L'épouse gouvernait la maison sous les ordres de son époux, qui considérait cette union au seul point de vue de la reproduction, sans redouter d'avoir au logis une

Femme sotte, étant assuré d'en .trouver de fort instruites et intelligentes au dehors.

Démosthènes, un jour, en pleine tribune, 'résuma les attributions des Femmes : « Nous avons, dit-il, des Hétaïres pour la volupté de l'âme, des Pallaques pour la volupté des sens, des Femmes légitimes pour nous donner des enfants et garder nos maisons. »

A Rome, le Mariage était exclusivement propre aux citoyens ou à ceux à qui le *connubium* avait été concédé. Le mariage entre individus de castes différentes était prohibé. « Pas de mélange du sang patricien avec le sang plébéien, dit Ortolan : la loi Cánubia fait tomber cette barrière (445 avant J.-C.). Pas de mélange du sang ingénu avec le sang affranchi : la loi Papia Poppœa lève celle-ci (9 de J.-C.). Pas de mélange du sang sénatorial avec le sang affranchi ou abject : les constitutions de Justinien renversent celle-là, et le prince, pour que rien ne manque à son exemple, donne à ses sujets une impératrice à qui l'on peut rappeler les exercices du tir et ceux de l'*embolium.* »

Mais un point reste encore obscur, c'est de savoir exactement en quoi consistait le Mariage romain. On sait seulement qu'une immense puissance était dévolue au père de famille : l'épouse devenue mère (elle pourtant qui est sûre, tandis que le père est toujours incertain), était dépouillée de tout droit sur ses enfants, quelle que fût sa position; mère de famille, matrone épousée en justes noces, concubine ou prostituée.

Le Christianisme transforma les mœurs en les épurant. Le catholicisme fit du Mariage un sacrement institué par Jésus-Christ, ou, pour mieux dire, par ses apôtres et les Conciles; saint Paul en parle le premier : dans sa 5ᵉ épî-tre aux Ephésiens, il appelle le Mariage « un grand mystère. » Il y voit le symbole de l'union du Christ avec l'Église. Après saint Paul, tous les Pères et les Conciles ont décidé que le Christ avait sanctifié le Mariage et lui avait destiné une grâce particulière. (4ᵉ Concile de Carthage, an 398.)

D'autres Pères de l'Église, saint Ambroise, saint Augustin, par exemple, ont conclu à l'indissolubilité du Mariage chrétien, en même temps qu'à la nullité de toute union contractée hors de l'Église.

Luther et Calvin considèrent le Mariage comme une chose mondaine qui doit être traitée comme « une affaire » de ce monde. Pour les protestants, le Mariage n'est pas un sacrement, cependant, ils le célèbrent avec des cérémonies religieuses.

Au moyen âge, les Mariages se célébraient

ordinairement à la porte de l'église. C'est du moins ce que tend à prouver une disposition testamentaire de l'an 1397, par laquelle Pernelle, femme du célèbre chimiste Nicolas Flamel, lègue une rente de deux sous six deniers tournois « à chacune des cinq pauvres personnes qui ont accoutumé de seoir et demander l'aumône au portail où l'on épouse les mariées à l'église Saint-Jacques. »

Les Seigneurs avaient introduit dans les Mariages une multitude de coutumes qui avaient toutes pour but de constater leur pouvoir sur leurs vassaux. Presque partout les nouveaux mariés leur payaient un droit, appelé *marquette*. Que ce droit consistât en mets de mariage ou prestation de viande à ceux que le seigneur envoyait pour assister en son nom à la cérémonie, ou en toute autre redevance, il n'est permis d'en douter d'après les documents qui nous viennent des historiens.

Quant au *droit de jambage*, de *cuissage* ou autre de même espèce, il a été nié, en tant qu'exercé dans la forme cynique qu'on lui attribue. Au dire de quelques-uns, c'était plutôt une menace des seigneurs pour exiger des dons plus considérables des mariés.

D'autre part, le clergé imagina de forcer les époux à s'abstenir des plaisirs charnels jusqu'à ce qu'ils eussent payé certaines redevances;

cela est prouvé par un arrêt du Parlement de Paris (1409), qui défendait à l'évêque et aux curés de cette ville d'exiger aucun droit des nouveaux mariés.

Tout cela était, on peut dire, de l'essence de la féodalité, époque assurément pleine d'abus criants. Mais faut-il dire avec un philosophe moderne, au sujet du droit de jambage : « Je ne sais pas, mais je suis sûr. »

Sans doute, quand on connaît les Hommes et leurs instincts pervers, il est naturel de conclure à l'existence de ce droit monstrueux, surtout lorsqu'on lit dans la coutume de Mesnil-les-Heslis ceci : « Se aulcuns se conjoindent par mariage... Voulent couchier la première nuit de leurs noupces sur la dit seichier avec sa femme et espouse la dite première gneurie, le sire de noupces ne poult ou doit counuyt sans demander congié de ce faire au dit seigneur sur peine de confiscation du lit... et de tout ce qui serait trouvé sur ledit lit. »

Le droit du seigneur a évidemment existé, conclut de Lagreze. Aux faits positifs réels, aux documents incontestables et incontestés ci-dessus, on pourrait encore ajouter les preuves par la tradition. Les dictons populaires, les légendes provinciales, les chansons et les fabliaux fourmillent d'allusions au *Droit du Seigneur*. Longue serait la liste des preuves que la tradition fournirait. La plupart des faits historiques que l'on admet n'ont peut-être pas une authenticité plus grande et plus sérieuse que ceux que nous tenons de la tradition. Des Pyrénées au Rhin, dans toute la France, en Angleterre, en Écosse, en Allemagne et jusque dans le Nouveau-Monde les mœurs, les récits, les histoires locales font mention de *droits* semblables. Il faut donc le reconnaître, l'existence des *droits* du seigneur, vulgairement connus sous les noms de *prélibation*, de *marquette*, de *cuissage*, de *jambage*, de *culage*, etc., est aussi incontestable que celle de Henri IV ou de Louis XIV.

Le Mariage, qui était, dans notre législation antérieure à 1789, un acte essentiellement religieux, fut sécularisé par les lois de la Révolution et devint un contrat uniquement civil et absolument indépendant de la bénédiction nuptiale. Toutefois le Mariage, sous l'empire de la loi de 1816, qui abolit le divorce, se séparait de la condition de tous les autres contrats et conservait quelque chose de la nature du sacrement : Aux yeux de la Religion, il est et demeure indissoluble quoi qu'il arrive, même alors que l'un des deux époux viole la loi conjugale. — On sait que la France, a rétabli, dans ces dernières années, le *Divorce*. (V. ce mot.)

24

On peut réduire à cinq les conditions requises pour être habile à contracter Mariage : 1° L'*âge* (18 ans révolus pour l'homme; 15 ans révolus pour la femme); 2° le consentement libre; 3° l'inexistence d'une union antérieure encore subsistante; 4° le consentement des ascendants sous la dépendance desquels sont placés les futurs époux, qui n'ont pas, l'homme 25 ans et la femme 21; 5° les futurs conjoints ne doivent pas être parents ni alliés au degré prohibé par la loi. Ajoutons que le Mariage n'est valide qu'à la condition que les formalités prescrites par les articles 165 à 171 du C. c. sont strictement observées.

A défaut de divorce on peut produire de nombreuses causes de nullité de Mariage. Les unes sont absolues : comme l'impuberté des époux, l'union entre parents au degré prohibé, la bigamie. D'autres sont relatives : tel le consentement non libre ou entaché d'erreur, laquelle porte sur la personne même que l'on épouse; or, sur ce point, la jurisprudence a beaucoup varié et reste encore indécise entre trois systèmes d'interprétation.

Après les considérations dans lesquelles nous sommes entré dans les chapitres précédents, nous n'avons plus qu'à considérer dans le MARIAGE : 1° Les Devoirs des époux; — 2° l'Influence du Mariage sur le physique et le moral des époux ; — 3° les Mariages intempestifs et disproportionnés ; — 4° les états maladifs qui doivent mettre obstacle au Mariage ; — 5° les Mariages consanguins ; — 6° les rapports conjugaux (contrainte morale, onanisme conjugal, etc., à propos du système malthusien) ; — 7° le pouvoir de procréer à volonté des garçons ou des filles, des grands hommes, des beaux enfants ; — 8° l'hygiène du Mariage ; — 9° le cas de nullité de Mariage ; — 10° le Divorce.

§ 1. Les devoirs des conjoints.

Les époux ont des devoirs mutuels à remplir. Plutarque a écrit sur ce sujet un livre dont il nous suffit de donner l'analyse pour en faire comprendre le but moral, et l'excellence des conseils qui y sont contenus. Ce ne sont, à vrai dire, que des lieux communs que chacun devine en quelque sorte, mais ce qui est honnête et de nature à assurer la paix domestique ne saurait jamais être trop répété :

« Le Mariage, suivant Plutarque, étant l'acte de la vie le plus important, il faut y réfléchir mûrement avant de l'accomplir. Si dans les liaisons passagères on recherche autant que possible la conformité des goûts, à plus forte raison doit-on s'en préoccuper pour une union indissoluble. Tout dans le Mariage doit être commun, surtout les idées et les principes; aussi convient-il avant de s'unir de s'étudier mutuellement. Ulysse était plein de prudence, Pénélope de sagesse, leur union fut heureuse. On ne saurait, avant d'arrêter définitivement son choix, prendre trop de précautions et se tenir trop en garde contre les apparences. Un Romain que ses amis blâmaient d'avoir répudié une femme riche, belle et sage, leur montra son soulier en disant : « Il est beau et bien fait, mais nul de vous ne voit où il me blesse. »

« Une fois unis, les époux doivent se donner mutuellement l'exemple de toutes les vertus. C'est surtout le devoir du mari, qui, étant le chef de la famille, doit en être le modèle. Une sorte de pudeur, de bon goût, présidera aux relations des époux, et leurs épanchements resteront toujours secrets. Caton dégrada un sénateur pour avoir embrassé trop passionnément sa femme, en présence de sa fille. Il est honteux pour des époux de se caresser devant témoins, mais il l'est encore davantage de se quereller publiquement. Pour éviter les discussions, le mari doit savoir céder au besoin; de son côté, c'est le devoir de la femme de prendre bien garde de faire de la peine à son mari, ou même simplement de le froisser, en riant, par exemple, lorsqu'elle le voit de méchante humeur, ou en prenant un air chagrin s'il rentre gai ou joyeux. »

La confiance doit régner entre les époux; elle est le lien moral le plus sûr de leur union : c'en est l'assise la plus solide. Si par malheur elle vient à s'affaiblir, il faut de suite recourir aux moyens de la rétablir ; et ici, de même que certains mensonges sont non seulement permis, mais obligatoires en quelque sorte dans la bouche du médecin qui veut rassurer le malade désespéré, les époux, vis-à-vis l'un de l'autre, doivent user de leur éloquence la plus persuasive, fût-elle à côté de la vérité, pour faire revivre la confiance mutuelle, sans laquelle tranquillité, bonheur s'évanouissent, pour faire place au sombre soupçon, qui finit par convertir les liens les plus doux en une chaine odieuse.

Que de situations diverses, que de nuances à observer et qui demandent tact, esprit de conduite et de sens de la part de celui des époux à qui incombe le devoir de donner des explications!

Par exemple, pour sortir des considérations platoniques, une discussion dans le jeune ménage se termine presque toujours par un embrassement intime qui cimente la réconciliation ; hé bien, il peut arriver que le mari, encore sous l'influence de nuages accumulés dans son imagination, soit moins dispos qu'à l'ordinaire, et que le cadran de sa force virile retarde : Alors, si l'épouse commet l'imprudence de faire la moindre allusion à ses lenteurs, tout est perdu : l'impuissance était factice, mais elle peut se renouveler lors de nouvelles tentatives, ce qui raviverait les causes de mésintelligence et d'antipathie.

§ 2. Influence du mariage sur le physique et le moral des époux.

Étant donné que l'union des sexes est une des grandes lois, — la plus impérieuse même de la nature, et que, de par la civilisation le Mariage seul légitime cette union, il importe de savoir quelle influence elle exerce sur la santé générale et sur les facultés intellectuelles et morales des deux sexes.

Or, cette question reçoit sa solution dans ce qui a été dit sur le *Célibat*.

Nous y avons vu, en effet, que des personnes non mariées sont plus sujettes aux maladies et vivent moins longtemps que celles qui sont engagées dans les liens du Mariage. Les anciens savaient cela tout aussi bien que nous, puisqu'ils avaient gravé sur le piédestal de la statue représentant le Mariage : « *L'Hymen retarde la vieillesse.* »

Le Mariage fait plus encore, il répare les avaries causées à la jeunesse par des excès illicites, ou au contraire par la compression de l'indomptable instinct de progéniture. Tel jeune homme épuisé, amaigri, les yeux atones, faible et anémique à force d'avoir gaspillé ses brillantes facultés viriles, s'il vient à contracter Mariage et s'il en comprend les devoirs, récupère bientôt ses forces, sa bonne mine, sa gaieté, en un mot toute sa santé compromise.

Telle jeune fille dont les pâles couleurs, les yeux cernés, le cœur sans cesse agité par des palpitations sans rythme et sans régularité, vous dit qu'elle est sur le point de descendre dans la tombe, vient-elle à prendre mari, aussitôt elle se ranime, reprend ses couleurs et sa gaieté. La comparaison, si souvent employée, que cette enfant est comme une fleur étiolée qui se redresse et se ranime dès qu'on l'arrose est juste, au sens physique qu'on lui attribue ; mais il faut tenir compte aussi de l'influence favorable que tout son organisme reçoit du sentiment de ravissement qu'elle éprouve en épousant celui qu'elle aime. Il faut bien, certes, que cette influence soit réelle puisque la même personne, si elle est mariée contre son gré, ne voit pas ou voit très tardivement se produire la transformation dont nous parlons.

Pausanias nous a transmis l'heureuse métamorphose que le Mariage opéra sur la femme d'Ariston : jeune fille, elle était très laide, boutonneuse et hystérique; dès qu'elle fut devenue femme, sa beauté aurait pu entrer en concurrence avec celle d'Hélène.

Cette anecdote, rapportée par les auteurs, quoique historique, nous semble gonflée d'exagération. Nous en dirons autant de cette opinion, qui dit que, « quant aux Hommes en général, la virginité, c'est-à-dire la continence perpétuelle, absolue, leur est impossible; et que, quant aux prêtres en particulier, le Célibat n'est pour eux qu'un moyen de mieux jouir des plaisirs de l'amour sans avoir la charge et les embarras d'une famille. »

C'est là une assertion calomnieuse, dont nous montrons toute la fausseté et l'exagération.

Il n'est pas possible d'avancer rien de plus perfide et de plus dénué de preuves. C'est un procès de tendance en règle : avec une telle littérature, il faut nier la vertu et tout mettre en doute. Le même auteur se complaît dans ses citations de victimes de la chasteté; il va les chercher jusque dans l'antiquité la plus reculée, comme si les temps et les mœurs d'alors étaient comparables aux nôtres.

Debay croit donner le dernier coup au Célibat religieux lorsqu'il reproduit une de ces histoires banales comme celle-ci :

« Une jeune demoiselle, que sa famille, égarée par une fausse religion, voulait faire religieuse contre son gré, douée d'un tempérament utérin, tomba d'abord dans une profonde langueur, puis passa par tous les degrés de l'hystérie, de l'érotomanie et de la nymphomanie ; elle allait succomber aux ardeurs qui la dévoraient, lorsque Alibert, consulté, ordonna pour unique traitement un prompt Mariage. Ce moyen réussit complètement. »

Les cas de ce genre sont probablement plus communs que ne le pense notre auteur lui-même ; néanmoins, ils ne prouvent rien contre ces phalanges de célibataires dont la conduite toujours attaquée, soupçonnée, reste généralement exemplaire.

Cela ne nous empêche point de donner notre entière approbation à ce passage : « Les plaisirs du Mariage, pris avec modération, sont nécessaires au maintien de la santé générale ; ils apaisent les violents désirs, les impatiences, les inquiétudes, les chagrins d'amour ; ils préviennent les songes érotiques qui embrassent et troublent le sommeil ; ils facilitent le jeu des fonctions ; ils réjouissent l'âme, et donnent au corps cette liberté, cette souplesse, qui rendent alerte et dispos. Ils portent l'Homme à l'amitié, à la bienveillance, à la générosité. Enfin, il faut le reconnaître et le dire, les douceurs du Mariage sont une heureuse compensation aux chagrins et aux misères de la vie. »

§ 3. Mariages intempestifs et disproportionnés.

Nous entendons par *intempestifs* les Mariages précoces et les tardifs ; et par *disproportionnés* les Mariages entre personnes dont l'âge de l'une dépasse de plusieurs années celui de l'autre.

Ces sortes d'unions sont blâmables, parce que, outre qu'elles portent préjudice à la santé des deux ou tout au moins d'un des contractants, elles donnent naissance à des enfants moins bien constitués et moins vigoureux. Hippocrate a dit : « Dans la semence même et de l'Homme et de la Femme, tout le corps fournit ; elle vient faible des parties faibles et forte des parties fortes. Nécessairement, l'enfant y correspond et il ressemble à l'un et à l'autre en quelque chose. »

A) *Mariages précoces.* — Nous avons déterminé, dans un précédent chapitre, l'âge auquel l'Homme et la Femme sont pubères et nubiles. A cet âge le Mariage est permis ; mais c'est avec raison qu'on a fait ressortir l'avantage de la Nubilité sur la Puberté (V. ces mots) au point de vue de l'excellence du fruit qui en provient.

Non seulement le manque de maturité des facteurs rend le produit moins beau et moins vivace, mais encore le mari trop jeune, emporté par la fougue de ses désirs, s'épuise dans des embrassements trop multipliés, et la femme, dont le développement physique n'était pas achevé, — car elle grandit encore après être réglée, — reste en arrière du complément de ses forces qu'elle était sur le point d'acquérir, et est plus exposée qu'une autre aux affections de la matrice et aux accidents de la puerpéralité.

B) *Mariages tardifs.* — Jusqu'à l'âge de 40 à 45 ans, l'Homme conserve toute sa vigueur virile; à 50 ans, il commence à la voir décliner. C'est qu'alors la sécrétion spermatique se ralentit, les érections ne sont plus aussi fortes ni aussi soutenues. L'imagination est encore vive, le cœur jeune et chaud, mais la frigidité organique commence. Voici donc l'heure de la retraite qui sonne. Nous ne prétendons pas toutefois que, « passé 50 ans, l'Homme se jette une pelletée de terre chaque fois qu'il se livre au coït », comme l'a dit l'abbé Maury (Lettre à [P. Portal). Il y a lieu, en effet, de tenir compte de la constitution, du tempérament, de l'état de santé générale des individus, car assez nombreux sont les exemples de vieillards qui conservent jusqu'à l'âge de 70, 75 ans, des facultés qui nous sont ravies beaucoup plus tôt en général. Il est inutile de répéter, néanmoins, que les fonctions génitales, à cause du peu de modération qui préside à leur accomplissement, sont à tous les âges, des causes de maladies.

Réveillé-Parise, dans son *Traité de la Vieillesse*, a écrit des pages éloquentes sur les désordres auxquels s'abandonnent les Hommes vieux qui veulent sacrifier à Vénus :

« L'Homme, encore dans sa verte vieillesse, répugne longtemps à se croire tel qu'il est. Ses souvenirs, presque synonymes de regrets, sont toujours là dans sa mémoire et dans son cœur pour le tourmenter, car il jette sans cesse son regard en arrière, pour contempler à l'horizon lointain cette terre promise de l'amour et de ses plaisirs, où il serait si doux de vivre, s'il était possible d'y rester. Difficilement, il s'accoutume à l'idée que la haute prérogative de procréation lui est à peu près retirée, et il ne veut s'avouer à lui-même que le plus tard possible cet état de décadence dont le frappe la nature.

« Cette nouvelle manière d'être paraît comme injurieuse, comme flétrissante, car il est bien peu d'individus capables d'accepter la vieillesse sans faiblesse d'esprit, sans trouble de raison. Le temps blanchit leur tête sans désenchanter leur esprit. D'ailleurs, un Homme bien constitué, que l'âge n'a pas encore accablé, éprouve encore des réminiscences perfides et tentatrices ; tout semble jeune en lui, excepté la date de sa naissance. Ses années sont dépensées, mais non sa force. Il s'avoue bien que l'aiguillon du besoin n'est pas aussi pressant qu'autrefois, qu'il ne sent plus cet *excès de vie*, ce feu, cette ardeur qui jadis embrasaient son sang et son cœur ; mais il ne se croit nullement un athlète tellement désarmé, qu'il doive renoncer tout à fait à la lutte et au triomphe ; et, comme dit Fénelon, le jeune homme n'a pas encore été tué chez lui. Beaucoup de vieux fous, d'étourdis chargés d'années, se reconnaitront ici ; je ne leur demande que d'être sincères. N'est-ce pas aussi le rôle avilissant de certains fats surannés, dont les disgrâces en amour sont méprisables et les succès complètement ridicules ? Quelquefois le mal est enraciné dans les habitudes ; et, comme l'a dit un penseur de notre époque, *le châtiment de ceux qui ont trop aimé les femmes, est de les aimer toujours*. Il n'y a que des défaites réitérées, des maladies redoutables, la marche hâtive et précipitée de la vieillesse, qui apprennent enfin à l'imprudent ce qu'il devrait savoir depuis longtemps, que le bien-être et la santé consistent, surtout à la dernière période de l'existence, dans le juste accord d'un reste de force, d'une raison éprouvée et d'une sage conduite. »

Tout ceci peut s'appliquer également à la Femme dont la vie sexuelle finit avec la disparition des règles. Vers 40 à 45 ans elle cesse de *voir*, bien que la menstruation dure au delà chez quelques-unes et, signe de décadence génitale, elle commence à prendre de l'embonpoint. Le besoin du rapprochement sexuel se fait moins sentir ; ses préoccupations sont celles de coquetterie, de toilette, de désir de paraître encore jeune ; mais si l'âme reste vive et le cœur sensible, les sens se calment, parce que les ovaires, qui sont le point de départ et la cause de leur excitation cessent d'être le siège de ce mouvement vital qui produisait l'espèce de *ponte mensuelle* dont nous avons parlé.

Est-il besoin maintenant de longs discours et de brillantes phrases pour faire comprendre que les enfants issus de mariages intempestifs, c'est-à-dire trop précoces ou trop tardifs, ne peuvent être doués de qualités aussi excellentes que celles qui caractérisent la progéniture issue de couples ayant atteint l'âge nubile et ne l'ayant pas dépassé depuis trop longtemps?

C) *Mariages disproportionnés.* — Un jeune Homme qui épouse une vieille Femme ou une jeune fille qui prend pour mari un vieillard, voilà ce que nous appelons des mariages disproportionnés.

Dans l'un et dans l'autre cas l'union offre un double péril : d'abord pour les époux, ensuite pour leur progéniture.

Sans compter que de tels mariages sont inspirés par un sentiment qui tient de la luxure plutôt que de toute autre combinaison, et cela toujours de la part du contractant le plus âgé.

Tristes et scandaleuses sont ces unions qu'il serait désirable qu'une loi vint prohiber au nom de la morale publique, de la santé et du bonheur des conjoints, surtout dans l'intérêt de la société, parce qu'elles la dotent d'enfants chétifs qui ne peuvent concourir ni à sa défense, ni à la satisfaction de ses besoins les plus impérieux.

D) *Mariage entre un jeune Homme et une vieille Femme.* — Nous faisons remarquer tout d'abord que les expressions jeune Homme et vieille Femme désignent des conditions d'âge tout à fait relatives : ainsi une Femme de 35 ans est encore jeune, mais devient-elle l'épouse d'un Homme de 20 ans, nous disons que c'est une vieille Femme, et *vice versâ*.

Voici ce que dit Debay, dans ce style intempérant qui a surtout assuré le succès de son livre :

« Les jeunes gens que l'appât de la fortune pousse à se marier avec de vieilles Femmes, épuisent promptement leur vigueur lorsqu'ils ont affaire à ces Femmes déjà sur le retour, mais insatiables de luxure, et dont la partie génitale est une fournaise dévorante. »

Ceci paraît être en complète contradiction avec ce qui a été avancé précédemment, à savoir que le feu de la concupiscence s'éteint, ou plutôt se calme à l'âge de retour chez la Femme. Mais, dans cette question comme dans tant d'autres, il faut avoir égard aux différences de constitution, de mode d'existence, etc.

Or, voici ce qu'il faut remarquer. La Femme qui s'est mariée jeune avec un Homme d'un âge proportionné au sien, celle surtout qui a eu des enfants qu'elle a élevés, qui par conséquent a connu les douceurs et les soucis du ménage, cette Femme assiste sans regret, en général, au déclin de ses désirs voluptueux, bien qu'elle ne soit point insensible aux jouissances des sens, qui parfois même sont aussi vifs que par le passé; mais, partageant la couche de son mari, elle demeure passive, presque froide, si celui-ci ne l'excite pas à se prêter à ses désirs.

Quelle différence, quand il s'agit de certaines Femmes à tempérament ardent et qui, veuves et privées d'un plaisir qu'elles ont savouré et dont la privation leur est devenue pénible, se marient avec un jeune Homme dont le souffle les embrase! Ces Femmes-là, certainement, pourront se sentir consumées d'un feu nouveau et prendre un rôle provocateur avec d'autant plus de licence qu'elles ont affaire à un mari plein de jeunesse, de force, et sur lequel elles exercent l'influence que donne la fortune, car c'est l'argent, l'argent de la femme, qui, seul, a pu déterminer le mari imprudent à contracter cette union.

Accompli dans ces conditions, le Mariage doit faire présumer que la lubricité est le mobile principal de l'épouse, tandis qu'au contraire, nous le répétons, l'époux obéit à un sentiment de convoitise, et se montre peu scrupuleux sur les moyens d'arriver à la fortune.

E) *Mariage entre un Vieillard et une jeune Fille.* — Dans des questions de ce genre, si souvent rebattues, et toujours discutées sans résultat vraiment pratique, nous n'avons rien de mieux à faire que d'emprunter quelques réflexions aux auteurs qui nous ont précédé.

« On a vu à toutes les époques de l'humanité, à partir des patriarches, comme on voit encore fréquemment aujourd'hui, de ces alliances qui répugnent à la nature, entre des hommes qui touchent à la décrépitude et de pauvres jeunes filles que les parents sacrifient à des intérêts de position ou de fortune. Il y a dans ces alliances monstrueuses, que nous ne saurions flétrir assez énergiquement, à considérer la situation réciproque des époux abusivement accouplés, et le sort de la progéniture qui peut en être le résultat. »

Admettons pour un instant que le Mariage ait été conclu du plein consentement de la jeune fille, et qu'aucune pression étrangère n'ait été exercée sur sa volonté, comme c'est la règle cependant ; il n'arrivera pas moins que la réflexion et l'expérience amèneront de tardifs regrets, et d'autant plus poignants que le mal sera sans remède ; mais que la violence ou la *persuasion*, ce qui est souvent la même chose, ait été mise en œuvre pour obtenir l'aveu qu'exige la loi, la révolte n'en sera que plus prompte et plus véhémente. Dès ce moment, la vie commune deviendra odieuse à la malheureuse victime, et des *espérances* coupables naîtront dans son cœur désolé, tant lui paraît lourde la chaîne qu'elle supporte. C'est qu'en effet les amours du vieillard sont ridicules et hideux, nous l'avons déjà dit dans un autre endroit de ce livre, et l'on ne saurait assez plaindre l'infortunée que le devoir condamne à les subir. Qu'on y songe un instant, et l'on sentira, malgré soi, une répulsion comparable à celle qu'inspire seule l'idée de l'inceste. En réalité, tout est ici contraste, au physique comme au moral, et la chasteté est forcément absente dans ces ébats où la brutalité des sens n'est point amortie et poétisée, en quelque sorte, par les élans passionnés du cœur. » (A. Mayer.)

L'union du vieillard avec une jeune Femme ne blesse pas seulement les convenances et la morale, elle empoisonne la vie de l'épouse sacrifiée et abrège celle du mari déraisonné qui cède aux séductions de la jeunesse et de la beauté. Il y a déjà danger pour l'époux âgé qui continue des rapports, quoi que bien modérés, avec la Femme qu'il n'a pas quittée de sa vie ; mais c'est bien autre chose assurément si le même homme contracte de nouveaux liens avec une Femme belle et dans la fleur de l'âge : il veut tout naturellement faire acte de jouteur intrépide, se montrer jeune malgré les ans, et alors, transformant l'heure de la retraite en un réveil factice et forcé, il plonge bientôt ses organes à moitié flétris et toujours surmenés, dans une atonie plus ou moins complète ; puis, tous les autres appareils organiques, principalement le cœur, le système nerveux, les sens, ne tardent pas à devenir le siège de troubles graves.

Dans tout cela nous ne voyons d'atteint qu'un couple insensé, et bien à plaindre. Mais leurs enfants, s'il en vient, quelle sera leur constitution, leur santé, leur rôle dans le monde?

N'exagérons rien : il est certainement des fils issus de Mariages disproportionnés qui se sont distingués par des qualités intellectuelles brillantes ; mais cela est rare ; le plus souvent, au contraire, les jeunes enfants qui ont pour père un vieillard se distinguent des autres du même âge qu'eux par un air sérieux et triste, qui contraste avec l'expression enfantine de ces derniers, engendrés par un couple rayonnant de jeunesse, de gaieté et de santé. Les bonnes femmes disent, en parlant des « *enfants de vieux*, » que ce sont de « vieilles âmes dans un jeune corps »; elles prédisent même que ce corps n'aura pas une longue vie, et leur prédiction se réalise très souvent.

Il est inutile que nous nous étendions davantage sur ce sujet, d'abord parce qu'il est rebattu jusque dans les romans, ensuite parce que tout ce que nous pourrions dire ne guérira pas les Hommes de leurs folies.

F) *États morbides de nature à mettre opposition au mariage*. — Que de belles phrases et d'éloquence dépensées en pure perte, à propos d'alliances basées sur des considérations d'intérêt ou de position, sans souci du bonheur des conjoints. Nous les épargnerons au lecteur, qui sait de reste que les Mariages, à notre époque, ne sont plus affaire de sentiment, d'inclination, de sympathie, mais tout simplement de marché. N'était-ce que cela encore ? Une fille est-elle bossue, lymphathique, contrefaite, scrofuleuse, phtisique même, peu importe : du moment qu'elle est riche, elle n'a plus de défauts, et sa main est demandée de tous côtés. Il y a même des marieurs qui escomptent le peu d'années qu'aura à vivre la chétive fiancée.

Il est regrettable que par respect de la liberté individuelle on ne puisse édicter une loi prohibitive des Mariages entre sujets entachés d'une maladie héréditaire, comme la phtisie, le scrofulisme, l'épilepsie essentielle, etc. ; car ces diathèses, qui se transmettent par voie de génération, perpétuent et renforcent une race de sujets abâtardis.

Une telle loi, nous en convenons, serait bien difficile à formuler dans ses termes, les cas à spécifier offrant les plus grandes variétés : elle serait d'une difficulté encore plus grande, quant à sa mise en pratique et à son application, car l'examen physique des sujets serait repoussé comme vexatoire et indécent.

Notre code n'admet comme motif d'opposition au Mariage aucune autre maladie que la *démence* : l'individu reconnu en cet état est, en effet, incapable de donner un consentement valable. Au médecin est dévolu le rôle de constater, à l'appui d'une opposition au Mariage, l'état de démence, d'imbécilité ou de fureur d'un individu. Nous n'avons pas à examiner sous quelles formes diverses peut se présenter la démence, et nous passons outre.

Mais il est un vice de conformation qui doit, malgré le silence de la loi, faire absolument interdire le Mariage à la personne qui en est affectée. Nous voulons parler du rétrécissement du bassin. Quand ce rétrécissement est tel qu'il offre moins de 3 pouces de diamètre antéro-postérieur il rend l'accouchement impossible par les voies naturelles. Et l'on sait à quels dangers est exposée la Femme à laquelle il faut pratiquer l'opération césarienne pour la délivrer, sans compter ceux que court en même temps son enfant.

D'après nos lois, les sourds-muets peuvent se marier, pourvu qu'il soient en état de manifester leur volonté d'une manière non équivoque.

§ 2. Mariages consanguins.

Toutes les considérations physiologiques et d'ordre pathologiques auxquelles donnent lieu les unions consanguines se rattachent à la condition organique qui fait que les manières d'être tant corporelles que mentales passent des ascendants aux descendants, c'est-à-dire qu'elles ont trait à l'*hérédité*.

On sait que les caractères extérieurs se transmettent, par voie d'hérédité, aussi bien que les modes fonctionnels des organes. Il y a des familles, des races où l'on observe la transmission d'un seul caractère, mais qui en est le signe distinctif. Darwin attribue les transformations successives des individus et des races à la transmission aux descendants des caractères que les climats, les habitudes, les lieux ont imprimés aux ascendants.

Les instincts, le sens moral, l'idyosyncrasie sont également héréditaires.

Si donc dans le mélange de deux sangs, de race différente, chaque facteur transmet au produit les dispositions physiques et morales qui lui sont propres, on conçoit que cette propriété soit renforcée dans le cas où les conjoints sont d'une même souche. Mais, comme nous l'avons déjà dit, la consanguinité morbide ne doit pas être confondue avec la consanguinité saine; il ne faut pas mettre à la charge des unions consanguines les états morbides qui sont du ressort de l'hérédité tarée.

Assimilant la génération à l'hérédité, la plupart des médecins ont admis indistinctement l'hérédité pour toutes les maladies.

Dans son livre : *Du danger des Mariages consanguins*, le Dr Devay a non seulement admis cette proposition, mais il accuse plus spécialement les unions consanguines des méfaits qui doivent être mis à la charge de la loi d'hérédité.

Voici ses conclusions :

« 1° Les Mariages consanguins sont essentiellement opposés à la physiologie humaine, à la nature de l'Homme : l'instinct naturel les repousse. De temps immémorial, les mœurs et les préceptes religieux de divers peuples ont réagi contre leur coutume.

« 2° Il ressort de l'expérience fondée sur un très grand nombre de faits, que ces Mariages compromettent l'espèce humaine par la stérilité et par les infirmités et les maladies qui peuvent atteindre leurs enfants, lorsque ces mariages sont féconds. Il paraîtrait qu'il est de leur essence de produire des anomalies d'organisation, des arrêts de développement, comme la surdimutité, l'arrêt de l'intelligence, etc.

« 3° Cependant, sous le rapport sanitaire, il faut établir une distinction entre un Mariage consanguin isolé et ceux qui se répètent. L'influence de la consanguinité peut épargner la première génération, mais, presque à coup sûr, elle n'épargnera pas les autres.

« 4° Là où la consanguinité se répète, la famille déchoit sous les rapports de la beauté, de la force physique et de l'intelligence. Là se rencontrent en foule les anomalies d'organisation, les difformités, l'idiotie, l'aliénation mentale, etc. A cet état de choses doit inévitablement succéder l'extinction. Ces faits sont autant prouvés par l'expérience médicale que par l'étude des races, l'ethnographie et l'interprétation de certains faits historiques.

« 5° Les Mariages consanguins pourraient être considérés, à la rigueur, comme une infraction à l'hygiène publique, et réclamer ainsi la surveillance du législateur. Mais, en présence des difficultés que, dans l'espèce, soulèverait cette intervention, il vaut encore mieux agir par persuasion, éclairer la raison de tous sur leurs véritables intérêts, signaler les dangers. Il faut, en un mot, agir sur l'opinion publique de manière que celle-ci amène à la longue une réprobation universelle de la consanguinité dans le mariage. »

§ 3. **Rapports conjugaux**. — **Contrainte morale**. —
Onanisme conjugal. — **Système Malthusien**.

A ne considérer que les lois de la nature et les préceptes d'une saine physiologie, on doit obéir à l'instinct qui nous porte à l'accomplissement d'une des plus impérieuses fonctions, surtout quand cet acte est légitimité par le Mariage. La religion nous recommande le même devoir : *Croissez et multipliez*, dit une parole divine.

Mais il faut compter, à ce qu'il paraît, avec l'économie sociale ; il faut voir auparavant si la terre pourra suffire à nourrir tous ses enfants, dont la multiplication s'accroît, dit-on, en proportion géométrique, tandis que les produits ne suivent dans leur accroissement que la proportion arithmétique.

De là est né le *Malthusianisme*, système économique de Malthus, qui se résume tout entier en ces quelques mots : Nécessité de mettre obstacle à l'augmentation de la population, parce qu'elle doit être nécessairement limitée à raison des moyens de subsistance.

Les obstacles qui s'opposent ou doivent s'opposer à cet accroissement successif, l'économiste anglais les classe en deux grandes catégories : 1° les obstacles préventifs ; 2° les obstacles destructifs.

A) *Obstacles préventifs*. — Les obstacles préventifs, d'après Malthus, sont faciles à comprendre : l'Homme doit éprouver une juste crainte de ne pouvoir faire subsister ceux qu'il aura procréés. Or cette considération doit empêcher les Mariages précoces, pousser à l'abstinence du Mariage et recommander la *contrainte morale*.

Quant au libertinage, aux passions contraires au vœu de la nature, à la violation du lit nuptial, en y joignant les artifices employés pour cacher les suites de liaisons criminelles ou irrégulières, ce sont des privatifs qui appartiennent à la classe des vices et que Malthus se borne à condamner, sans s'en occuper davantage.

Très partisan du système malthusien, A. Mayer examine une à une les conditions qui doivent être considérées comme moyens préventifs. Ce sont : la contrainte morale, les obstacles légaux, les obstacles par modifications organiques de la Femme, les rapports conjugaux en dehors de l'époque propice à la conception, les artifices de rapports sexuels, etc.

.B) *Contrainte morale* ou *moral restreint*, selon l'économiste anglais, cela consiste à s'abstenir de tout rapprochement, ou bien à ne rien omettre de ce qui pourrait rendre l'union féconde. Si telle est la véritable signification de ces deux mots, nous avouons n'y voir rien à reprendre, d'autant que le précepte est conforme à la décision des casuistes, qui disent que : l'essentiel n'est pas que les époux s'abstiennent de l'acte copulateur, l'essentiel est qu'ils évitent de faire un **acte vain**.

Mais l'abstention réelle est-elle aussi facile que semble le dire Althus? Ce côté de la question touche au Célibat, auquel nous renvoyons le lecteur. Toujours est-il que la contrainte morale n'est pour le plus grand nombre, pour la presque généralité des philosophes, qu'un prétexte hypocrite, qu'une provocation à « *l'Onanisme à deux* », suivant l'expression de Dunoyer.

Les *obstacles légaux* à l'accroissement exagéré de la population consisteraient dans des prohibitions de Mariages basées sur la mauvaise santé des prétendus, sur l'existence de certaines maladies fatalement transmissibles par hérédité, etc.

C) Quant aux *obstacles par modifications organiques*, ils résulteraient d'une mesure générale qui consisterait à rendre, par des soins et une alimentation substantielle, les Femmes pauvres et maigres aussi peu fécondes que le sont celles qui vivent dans le luxe, et dont l'embonpoint annonce un commencement de stérilité. Si le lecteur croit que nous ne reproduisons pas exactement l'opinion de l'auteur, nous allons citer textuellement :

« Le corollaire de ce qui précède est celui-ci : Aussi longtemps que la misère ira croissant, la fécondité du sexe suivra une marche pareille ;

et il n'existe qu'un seul procédé pour mettre un frein à cette déviation de la force plastique : c'est de placer toutes les Femmes dans un milieu confortable, dans une sorte de *luxe relatif*. Hors de là point de salut? »

D) Viennent ensuite les *rapports en dehors de l'époque propice à la conception*, autre sujet qui rentre dans les chapitres Fécondation et Menstruation. Après le douzième jour qui suit la cessation des règles et jusqu'à l'apparition de la période menstruelle suivante, la conception, nous ne dirons pas ne peut avoir lieu, mais est moins probable.

Comme il n'y a que huit jours par mois pendant lesquels, d'après ce que nous avons vu, les rapprochements sexuels ont chance d'être féconds, il en découle naturellement que la *contrainte morale* bornée à ce laps de temps est bien plus facile à observer, et que là se trouverait le moyen le plus certain, dans le système malthusien, d'éviter la grossesse et ses conséquences.

E) *Artifices préventifs de la fécondation.* — Ils ont pour but d'empêcher la liqueur prolifique d'arriver jusqu'à l'utérus. Ce sont des stratagèmes inventés par la débauche; il ne serait ni utile ni moral de les indiquer ici. En abordant ce sujet, nous n'avons d'autre but que d'enseigner ceci : à savoir que « le coït exercé

autrement que selon les excitations de l'instinct
est une cause de maladie pour les deux sexes
et de danger pour l'ordre social. La souillure
du lit conjugal par les honteuses manœuvres,
auxquelles nous faisons allusion, se trouve men-
tionnée pour la première fois dans la Genèse à
propos d'Onan : *Semen fundibat in terram, ni
liberi nascerentur, et idcirco percussit eum
(Onan) Dominus, quod rem detestabilem facet.
(Onanisme conjugal)*.

« On ne saurait dire combien l'Onanisme est
répandu et avec quelle quiétude il est pratiqué
même par des gens qui craignent de commettre
le plus petit péché, tant la conscience publique
est pervertie sur ce point. Et pourtant, bien
des maris savent que la nature réussit à dé-
jouer quelquefois les calculs les plus subtils
et à reconquérir les droits dont on cherche à la
frustrer. N'importe! on persévère, et, par la
force de l'habitude, on empoisonne les plus
beaux instants de la vie, sans être sûr de conjurer le résultat qu'on redoute. Aussi, qui sait
si les enfants, si souvent faibles et chétifs, ne
sont pas le fruit de ces procréations incomplètes, et traversées par des préoccupations
étrangères à l'acte génésique?... »

Qu'il soit conjugal, à deux, ou bien indi-
viduel et solitaire, l'*Onanisme* n'entraîne pas
moins de terribles conséquences à sa suite :

nous parlons de l'Homme surtout. Quant à la Femme, on peut affirmer par induction que les rapports anormaux exercent aussi chez elle une désastreuse influence. « Il n'est point diffi-cile de concevoir, dit le Dr F. Devay, le degré de perturbation qu'une semblable pratique doit exercer sur le système génital de la Femme, en provocant des désirs qui ne sont pas satisfaits. Une stimulation profonde retentit dans tout l'appareil; l'utérus, les trompes et les ovaires entrent dans un état d'orgasmes; l'orage n'est point apaisé par la crise naturelle, une surex-citation nerveuse persiste... C'est à cette cause, trop souvent mise en action, que l'on doit attri-buer ces névroses multiples, ces bizarres affec-tions qui ont pour point de départ le système génital de la Femme... »

« Ce qui, chez nous, est passé à l'état de vérité incontestable, c'est que les troubles de l'innervation utérine chez les Femmes mariées, les symptômes hystériques qu'on rencontre presque aussi souvent chez elles que chez les jeunes filles vierges, tiennent aux habitudes vicieuses contractées par les maris dans leurs rapports conjugaux. Nous recommandons ce point de doctrine étiologique aux investigations et aux méditations de nos confrères. Au sur-plus, il est une affection beaucoup plus grave, qui se propage chaque jour davantage et qui, si rien n'en arrête les envahissements, aura bientôt atteint les proportions d'un fléau ; nous voulons parler des dégénérescences de la matrice. Nous n'hésitons pas à placer au premier rangs, parmi les causes de cette redoutable maladie, le raffinement de la civilisation, et particulièrement les artifices introduits de nos jours dans l'acte génésique. Quand il n'y a point de procréations, quoique la faculté procréatrice soit excitée, on voit survenir des pseudomorphoses. Ainsi, on a noté que les polypes et les squirrhes de la matrice sont communs chez les prostituées. Et il est très facile de se rendre compte du mode d'action de cette cause pathogénique, si l'on considère combien il est vraisemblable que l'éjaculation et le contact du sperme avec le col utérin constituent pour la Femme la crise de la fonction génitale, en apaisant l'orgasme vénérien, en calmant les convulsions de la volupté, sous lesquelles s'agitait frémissante l'économie tout entière. Et puis enfin, qui nous démontre qu'il n'existe pas dans la liqueur fécondante quelque propriété spéciale, *sui generis*, qui fait de sa projection sur le col de l'utérus et de son contact avec cet organe une condition indispensable à l'inocuité du coït ? »

« N'est-il pas vrai, en effet, que les mœurs publiques doivent en grande partie leur dégradation, et les familles leur désordre, aux scènes .

scandaleuses de l'alcôve transformée trop souvent en véritable lupanar? L'immoralité du mari apprend à la jeune épouse les ingénieux stratagèmes inventés par la débauche. Révoltée d'abord par sa pudeur, jusque-là respectée, secrètement avertie par sa conscience de l'outrage à la morale dont elle se constitue l'innocente complice, la femme se souviendra, si jamais sa vertu vient à succomber, des leçons qu'elle a reçues, pour tromper la nature et s'assurer l'impunité, tout en violant odieusement la foi conjugale, ce palladium des sociétés. A qui la faute? si ce n'est à l'imprudent qui n'a pas su conserver précieusement chez sa compagne la chasteté, cette sauvegarde que Dieu lui-même a placée dans le cœur de la Femme, pour préserver sa faiblesse et l'avertir du danger; car la femme qui ne rougit plus est livrée sans défense aux suggestions du vice; et si alors l'honneur du mari demeure intact, c'est que les circonstances le serviront bien plus que sa sagacité ». (A. Mayer.)

F) *Obstacles destructifs de la Fécondation.* — Quels sont ces obstacles? On ne les devine que trop : c'est l'avortement, l'exposition, l'abandon ou la destruction de l'enfant.

Nous n'avons pas à nous occuper de ces pratiques criminelles, malheureusement trop fréquentes.

Revenons à Malthus pour conclure relativement à la portée de son système économique.

La loi que Malthus a essayé d'établir entre l'accroissement de la population d'une part, et celle des subsistances de l'autre, a été vigoureusement attaquée; et un sérieux examen des faits a démontré que l'écart de plus en plus grand que cet économiste a entrevu entre la population et la subsistance n'existait point en réalité. Pour combattre la tendance, que selon lui la population a à s'accroître, Malthus a proposé des moyens qui l'ont fait accuser d'immoralité et de dureté de cœur. A-t-on tort? Qu'on en juge par ces paroles, qui sont de lui : « Un Homme qui naît dans un monde déjà occupé, si sa famille ne peut pas le nourrir ou si la société n'a plus besoin de son travail, cet homme n'a pas le moindre droit à réclamer une portion quelconque de nourriture et il est réellement de trop sur la terre... »

Voilà qui est tout l'opposé de cette simple et honnête proposition : « Il y a place pour tout le monde au soleil. » Dans son système, Malthus exonère les gouvernants de tout reproche et de toute responsabilité; or, cela est contraire à la justice et au bon sens. La misère publique n'est pas une fatalité qu'il est impossible de repousser; et il ne faut pas oublier que l'Homme vit en société, que la procréation

même crée le lien de famille, qui enfante l'union
et la solidarité ; que la seule cause réelle de la
misère est, non pas dans l'accroissement de la
population, mais dans la mauvaise répartition
des forces et des obligations sociales. D'ailleurs, assez d'autres causes sans la contrainte
morale, les guerres et les épidémies par exemple,
viennent malheureusement éclaircir nos rangs.

Une dernière remarque sur ce sujet qui en
comporterait de si nombreuses et qui ne devrait
point être abordé dans ce livre : Le Malthusianisme constáte qu'il existe des pauvres et des
riches : aux riches il permet de se livrer en
toute sécurité aux jouissances de l'amour ; il les
interdit aux pauvres. N'est-ce pas la glorifica-
tion du plus immoral monopole ? Ensuite, l'auteur de ce système a-t-il songé aux antago-
nismes des nations entre elles et aux guerres
qui en découlent : sont-ce les riches qui four-
niront des soldats assez nombreux pour défendre
la patrie ?

Toutefois, les doctrines de Malthus ont eu
un côté utile : « en pénétrant avec sagacité,
dit A. Cochut, les phénomènes qui se rapportent
aux mouvements des populations, en démon-
trant, contre l'avis unanime des hommes d'État
de son temps, que le bonheur d'un pays, sa
force politique, dépendent, non pas du chiffre
de ses habitants, mais du rapport de la popu-

lation à la quantité et surtout à la vertu nutri-
tive des aliments disponibles. »

§ 4. Pouvoir ou faculté de procréer les sexes à volonté. — Des grands hommes. — Des beaux enfants.

Déclarons tout de suite que ce triple pouvoir
n'est donné ni à l'Homme ni à la Femme con-
courant à la reproduction de leurs semblables.

Tout ce qui a été écrit sur ce sujet est
pure fantaisie, inventions hypothétiques, faites
pour amuser les imaginations amoureuses du
merveilleux.

*Pouvoir de procréer des garçons ou des filles
à volonté.*

Nous avons déjà traité cette question ; nous
devons y renvoyer le lecteur.

Ce prétendu pouvoir a été traité sous le titre
de *callipédie* (de *xallos*, beauté, et *naïs*) ou art
de procréer de beaux enfants.

Nous avons déjà abordé cette question ; nous
nous en référons d'ailleurs à la déclaration ci-
dessous :

Mégalanthropogénésie.

Formée de trois mots grecs : *mégas*, grand ;
anthropos, Homme ; *génésis*, Génération, cette
expression signifie faculté ou art de procréer
des grands Hommes. Cela peut s'entendre au

physique comme au moral, mais nous admettons que le second sens est le seul que l'auteur, malgré la longueur du mot, ait eu en vue.

Les croyants au pouvoir de procréer les sexes à volonté ont basé leur système sur des conditions de tempérament, d'organisation sexuelle, de temps relatif au congrès, etc., qui ne sont point invoquées pour la Mégalanthropogénésie; pour celle-ci, c'est l'*Hérédité* qui jouerait le principal, ou plutôt le seul rôle dans la question; mais si sa puissance est réelle à cet égard, il est à regretter qu'on n'y ait pas prêté assez d'attention depuis longtemps, car on ne rencontrerait plus de sots, ni d'ignorants, ni tant de gens incapables ou inutiles, qui, dans nos temps troublés, n'ont qu'un espoir : arriver à quelque chose par la politique, en égarant les masses par des prédications et des promesses insensées, irréalisables.

Donc l'hérédité est la loi biologique en vertu de laquelle tous les êtres doués de vie tendent à se répéter dans leurs descendants. Chez l'Homme, elle se présente sous deux formes : elle affecte les fonctions constitutives de la vie organique, et les opérations qui dérivent de la vie mentale.

L'hérédité *organique* s'étend à tous les éléments et à toutes les fonctions de l'organisme, à sa structure externe et interne, à ses maladies, à ses caractères particuliers, à ses modifications acquises. Rien de plus commun que d'entendre dire qu'un enfant est le portrait de son père, de sa mère, de ses grands-parents. La ressemblance peut subir des métamorphoses qui font que l'enfant ressemble successivement à son père ou à sa mère.

Les anomalies d'organisation physique se transmettent elles-mêmes; mais l'expérience semble démontrer qu'il y a tendance vers le retour au type primitif.

L'hérédité des maladies est connue de tous les médecins.

Le caractère national lui-même se transmet par hérédité ; il se montre permanent à travers les temps. Le Français du XIX° siècle est, au fond, le Gaulois de César, qui a l'amour des révolutions : *Novis rebus student*. On trouve dans les *Commentaires* tous les traits essentiels de notre caractère national : l'amour des armes, le goût de tout ce qui brille, l'incroyable légèreté d'esprit, la vanité incurable, la finesse, une grande facilité à parler et à se laisser prendre par les mots.

Taine a montré (*Études sur la littérature anglaise*) combien le vieux fond germanique et scandinave est demeuré solide, en retrouvant dans lord Byron un vrai descendant des Bersekirs.

Ainsi l'hérédité régit toutes les formes de l'activité vitale. En est-il de même dans l'ordre *psychologique?* Là est le nœud de la question qui nous occupe, c'est la base de la Mégalanthropogénésie.

L'instinct, cette impulsion inconsciente qui préside à la conservation des individus, est soumis à l'hérédité, ou plutôt est inné chez tous les individus, avec des caractères différents dans son intensité. Les facultés sensorielles se transmettent aussi, dans leurs divers modes d'action, des parents aux enfants : la myopie, par exemple, se remarque souvent dans tous les membres d'une même famille.

C'est quand on arrive aux facultés de l'intelligence que l'hérédité perd de sa force. Ces facultés, dans ce qu'elles ont de plus élevé, se transmettent rarement. Aucun des fils des hommes les plus illustres n'a pu égaler son père; au contraire, ils produisent des individus qui rentrent de plus en plus dans la commune obscurité, ainsi que les fils de La Fontaine, de Buffon, de Socrate, de Cicéron et les descendants de César, de Charlemagne, d'Alexandre, etc.

« Combien de génies illustres, dit Virey, sont sortis tout à coup de la nuit profonde et sans ancêtres, pour ainsi dire, en éclatant comme des astres nouveaux, puis se sont éteints sans postérité, en composant à eux seuls toute leur renommée? »

D'où vient donc que l'intelligence supérieure, le génie soit rebelle à l'hérédité? C'est parce que les savants, les grands penseurs, épuisent leur constitution par des travaux d'esprit. Ceux-ci, au contraire, naissent pour la plupart de parents simples, mais doués de qualités physiques et génitales remarquables. N'a-t-on pas remarqué aussi que les bâtards, les enfants de l'amour, comme l'on dit, montrent souvent plus d'intelligence et d'énergie que les autres enfants? Il en est de même pour les premiers nés dans le Mariage, à moins cependant qu'ils n'aient été conçus dans un âge qui n'admettait pas une complète nubilité, avantage dont les suivants ont pu jouir. Les Orientaux, les Indiens, dit encore Virey, font naître tous leurs grands hommes de Vierges, comme Confucius, Fohi, leurs dieux incarnés, Xaca, Amida, et les législateurs ou prophètes, Zoroastre, Mahomet, etc.

Toutefois, nous ne pouvons nier que les facultés mentales ne puissent se transmettre héréditairement. « Si l'intelligence et la raison nous échappent complètement dans leur essence, examinées dans leurs manifestations phénoménales, il n'y a alors aucune raison de les soustraire à la loi d'hérédité. Cherchons, maintenant, en produisant des faits, à montrer que cette transmission est non seulement possible, mais réelle. Les familles scientifiques ne sont pas rares. Beaucoup de savants tiennent de leur père. Ampère est mathématicien, physicien, son fils est voyageur, littérateur, historien. Buffon a un fils, bien doué, guillotiné comme aristocrate. Cassini, célèbre astronome, a son fils Jacques, astronome; son petit-fils, César-François, membre de l'Académie des sciences à 22 ans. On a remarqué aussi que beaucoup de savants ont eu pour mère ou grand'mère des femmes remarquables, tels Buffon, Bacon, Condorcet, Cuvier, d'Alembert, Watt, Jussieu.

En citant ces faits, tient-on compte de l'influence de l'éducation, des exemples donnés par les parents, de l'esprit d'émulation, d'orgueil, de ténacité, plutôt que de génie, qui s'empare des enfants nés dans ces conditions? De même que, comme contre-partie, on voit les dons de la fortune et du pouvoir corrompre plus encore les personnes d'un haut rang qu'elles ne leur donnent des motifs d'émulation et de travail pour s'élever. Ainsi les mêmes causes produisent, au moral, des effets opposés, suivant les dispositions psychologiques; tout comme au physique des causes morbides identiques déterminent des affections pathologiques diverses.

Et voilà pourquoi l'art de procréer des grands. hommes n'existe.pas. Ce qui existe bien réellement, c'est l'hérédité au physique et au moral ; et si l'on admet avec Moreau (de Tours) que le. génie est une névrose, oui, le fils peut hériter de celle-ci, peut-être même à l'état d'aggravation.

Ces théories, du reste, ne reposent sur aucun fondement solide, bien qu'elles contiennent quelque vérité, au point de vue des actes purement organo-chimiques. Mais il ne faut pas oublier que la Nature a dû prendre ses précautions pour que l'homme ne puisse à son gré modifier la balance des sexes, réglée par elle de façon à ce que, avec le temps et la continuité des mêmes moyens, le Genre ou l'Espèce finit après disparition d'un des deux facteurs générateurs.

§ 5. **Hygiène du mariage**.

Sous ce titre nous comprenons : l'hygiène des organes génitaux ; des conseils aux Hommes ; des conseils aux Femmes.

Hygiène des organes génitaux.

Elle consiste dans les soins de propreté et la réglementation de la mise en exercice des organes sexuels.

Les soins de propreté sont la condition indispensable pour entretenir la fraîcheur, la santé de parties qui sont le siège naturel de sécrétions odorantes. Il faut de toute nécessité .les nettoyer.

Chez l'Homme, c'est à la base du gland, derrière la *couronne*, qu'une sécrétion de cette nature a lieu. Après des rapports trop souvent répétés elle augmente et devient irritante. Il faut avoir soin de découvrir le gland pour le lotionner avec de l'eau fraîche ou tiède. Négliger ces simples précautions, c'est s'exposer à ce que les follicules qui sécrètent l'humeur sébacée s'enflamment et produisent, avec une vive irritation, des démangeaisons qui attirent, comme malgré soi, la main vers la partie, ce qui est une inconvenance indécente. Il se produit là l'affection connue sous le nom d'*herpès prépulialis*, légère, du reste, et qui ne réclame encore que le repos de l'organe et des soins de propreté.

La Femme est tenue de prendre des précautions plus grandes en raison de l'étendue des surfaces sécrétantes. Elle doit pratiquer des ablutions quotidiennes, plus souvent même, si sa constitution et son état l'exigent. L'eau fraîche ou tiède, pure ou aromatisée de quelques gouttes d'*Eau des Hespérides*, est le seul liquide dont elle doive se servir pour cet usage. Les alcoolés résineux, les vinaigres de toilette et mille autres produits de la parfumerie sont plus nuisibles qu'utiles.

Nous avons parlé de réglementation des actes vénériens. Nous ne pouvons mieux faire et dire qu'en empruntant à la *Physiologie du Mariage*, de Debay, les passages suivants :

« User avec modération des plaisirs du mariage. — Ne jamais en abuser, car leur abus énerve le corps et retentit sur l'intelligence. Que les époux raisonnables se persuadent que c'est doubler leurs plaisirs que de les économiser.

« La copulation, pour être bien faite, veut la complaisance, la tranquillité et le secret. La crainte, le bruit, comme la malpropreté et la répugnance, lui sont des obstacles. Demander le plaisir à sa femme avec d'aimables paroles ; l'entrainer délicatement à satisfaire nos désirs et ne jamais exiger de force.

« Accomplir le devoir conjugal avec douceur et ménagement, et non avec cette fougue délirante dont les effets peuvent blesser les organes et nuire à la fécondation.

« Ne point s'épuiser par la fréquence des embrassements ; cesser lorsque la nature l'indique, et attendre, avant de recommencer, qu'elle ait suffisamment réparé les pertes.

« Les transports d'une imagination érotique, les désirs immodérés des voluptés sensuelles, sont les plus dangereux ennemis de la virilité. Loin de s'exciter par des idées lubriques, l'homme raisonnable doit attendre que le réveil de l'organe lui annonce le besoin et l'instant de le satisfaire. C'est le moyen de conserver longtemps sés facultés génésiques.

« Ne jamais engager la lutte amoureuse immédiatement après un repas copieux, parce que le violent spasme que provoque l'éjaculation séminale dans toute l'économie, peut suspendre la fonction digestive, amener des obstructions, des suffocations et quelquefois l'apoplexie!...

« Dans l'état d'indisposition physique, de santé valétudinaire ou de maladie, on doit s'abstenir du contact vénérien, par la raison que si le coït modéré est salutaire aux sujets bien portants, il est toujours nuisible aux personnes malades et languissantes.

« Lorsque la tête et les membres sont fatigués, il est prudent de remettre l'acte vénérien à un autre jour, parce que la fatigue causée par cet acte ne peut qu'augmenter la fatigue préexistante.

« Les personnes faibles de poitrine, ordinairement très amoureuses, doivent comprimer, autant que possible, leurs élans vers la volupté, car il n'y a point d'écueil plus funeste à la santé des poitrinaires.

« Quoique la Femme puisse, sans inconvénient, répéter l'acte amoureux plus fréquemment que l'Homme, elle aura néanmoins raison d'en être sobre, puisqu'il est avéré que celles qui en abusent sont sujettes aux tristes affections des ovaires, de la matrice, et à ce mal terrible qu'on nomme le cancer...

« Les mets et boissons qui échauffent le sang et accélèrent sa circulation ne produisent qu'une excitation momentanée, et prédisposent à l'anaphrodisie ou frigidité. C'est pourquoi les Hommes qui font abus des boissons alcooliques et des mets échauffants perdent de bonne heure leur virilité.

« Un régime débilitant et l'usage exclusif des boissons acides abattent également les forces génitales.

« Le mari doit respecter certains états physiques et moraux dans lesquels peut se trouver sa femme, tels que le temps du flux menstruel, les indispositions, fatigues et oscillations de la santé ; les contrariétés, les chagrins, les incidents fâcheux, etc., et ne point lui demander ni exiger ce qu'elle n'est nullement disposée à accorder ; car, dans ces moments néfastes pour la Femme, si l'Homme prend de force et que la fécondation ait lieu, l'être futur se ressentira indubitablement de l'état dans lequel se trouvait sa mère.

« La continence stricte, prolongée, de même

que l'abus vénérien, sont à craindre, parce que
ces deux extrêmes détériorent l'organe copulateur et ont un même résultat : l'atonie génitale, l'anaphrodisie, l'impuissance. Les époux
sages ne doivent donc jamais rassassier leurs
appétits vénériens ni éteindre leurs désirs dans
la satiété; ils doivent, au contraire, quitter
l'autel de l'amour avec la force d'y déposer
encore une offrande.

« L'état de grossesse exige une sérieuse
attention : les époux doivent s'abstenir du coït
pendant les deux premiers mois de la grossesse; et du septième mois jusqu'après l'accouchement. Cette recommandation est dans l'intérêt
de la mère et de son fœtus; en voici la raison :

« La surexcitation de la matrice, produite par
l'acte vénérien, dans les premiers mois de la
grossesse, peut nuire au développement de
l'embryon et, quelquefois, provoquer un avortement. — A partir du commencement du septième mois jusqu'à la fin du neuvième, les embrassements du mari peuvent blesser la femme
et déterminer un accouchement prématuré. »

Conseils aux Hommes.

« Messieurs les maris, qui tenez à conserver
l'estime de votre femme, soyez, à votre tour,
moins despotes dans vos volontés. Avant d'exiger en maitres ce que votre appétit convoite,

roucoulez en amoureux, consultez son état physique, ses dispositions morales; respectez les
jours néfastes; ne l'importunez pas de vos
désirs dans ces moments d'agacement nerveux
où l'âme est triste et les sens sont peu disposés
au plaisir. Lorsque vous voyez indifférence et
répulsion, soyez assez sages pour remettre à
plus tard. N'obtenez jamais de force et brusquement ce qu'on vous refuse; car, prenez-y
garde! la Femme, irritée, peut aller chercher
aux bras d'un amant ce qu'elle ne trouve pas
dans son mari. Réfléchissez-y, messieurs, ce
point mérite toute votre attention.

« Soyez toujours aimables auprès de vos
femmes; provoquez avec douceur et tendresse
l'éveil de leurs sens endormis; charmez d'abord
leurs oreilles par les notes harmonieuses du
langage d'amour; employez simultanément les
excitants de l'âme et du corps, et quand vos
caresses et vos délicieux préludes auront dissipé l'indifférence et allumé leurs désirs, oh!
alors vous n'aurez plus à vous plaindre de leur
froideur. » (*Ibidem.*)

Conseils aux Femmes.

« L'Homme aime à voir son bonheur partagé
ses jouissances vénériennes s'augmentent de
celles qu'éprouve la Femme, et, lorsque l'ivresse

du plaisir la saisit en même temps que lui, il semblerait que la vie lui échappe et s'éteint au milieu des plus douces voluptés.

« Si l'on rencontre des femmes trop amoureuses, il y en a beaucoup plus qui pèchent par l'excès contraire, et mettent une indifférence, une frigidité dans l'accomplissement du devoir conjugal, à glacer un mari qui en est quelquefois intérieurement scandalisé. Pour peu que cela se renouvelle, celui-ci va chercher aux bras d'une maîtresse le désir amoureux qu'il n'a pu trouver chez sa Femme. De là, l'éloignement, l'abandon, les reproches, les chagrins, les brusqueries et tous les désordres qui s'ensuivent.

L'Homme est brutal, c'est vrai; sans s'inquiéter de l'état physique et moral dans lequel peut se trouver sa femme, il veut, il exige qu'on lui accorde ce qu'il désire. Un refus ferait naître sa mauvaise humeur et parfois un orage !

« O Femmes ! suivez ces conseils : Cédez aux besoins de votre mari pour mieux vous l'attacher. Malgré votre aversion momentanée pour les plaisirs qu'il sollicite, efforcez-vous de le satisfaire, agissez de ruse et simulez le spasme du plaisir : cette innocente supercherie vous est permise lorsqu'il s'agit de s'attacher un mari. Croyez-moi, accordez de bonne grâce et sans hésiter ce qu'on exigerait de force. Vous le savez, hélas ! l'Homme, embrasé de désirs, est fougueux, parfois brutal ! Ayez le bon esprit d'éteindre dans vos caresses les ardeurs de cette fièvre génitale : c'est le seul moyen de vous débarrasser de ses importunités. » (*Loco citato.*)

§ 5. Cas de nullité de mariage. — Séparation de corps. Divorce.

« L'union conjugale, dit Fodéré, est un véritable contrat synallagmatique où les deux personnes qui contractent s'engagent à se donner mutuellement et à faire ce qui est l'objet du mariage. Or, quatre conditions sont nécessaires pour la validité de la convention : le consentement de la partie qui s'oblige, sa capacité de contracter, l'objet certain qui forme la matière de l'engagement, et une cause licite de l'obligation.

« Par conséquent, tout Mariage où l'un des époux n'a pu donner son consentement, ou était incapable de contracter, ou se trouvait dans l'impuissance de remplir l'objet certain de sa convention, peut être attaqué en nullité. »

Ce raisonnement est parfaitement juste. Toutefois, notre Code, au titre du *Mariage*, pose des règles particulières pour les nullités du contrat en question. Ces cas de nullité sont : 1° le défaut de consentement; 2° l'erreur dans la personne.

Nous n'avons pas à parler des autres conditions exigées pour la validité du Mariage, telles que l'âge requis, le consentement des parents, la publicité donnée à l'acte projeté et les formalités exigées pour la célébration de l'union.

A) *Défaut de consentement*. — La loi exige pour le Mariage un consentement *valable*. Or, d'après le Code, un interdit, ou même un individu qui, sans être encore interdit, est en état d'imbécillité ou de démence, ne peut pas se marier.

Mais le droit d'attaquer le Mariage est restreint aux époux seuls ou à celui des deux dont le consentement n'a pas été libre ou qui prétend avoir contracté en démence. (Art. 180.)

B) *Erreur dans la personne*. — Par erreur dans la personne, doit-on entendre seulement l'erreur où serait un individu qui, ayant intention d'épouser telle personne, en épouserait une autre? ou bien y aurait-il *également erreur dans la personne* si un individu ne trouvait dans la personne avec laquelle il aurait contracté Mariage qu'un individu appartenant au même sexe que lui? ou bien encore peut-on regarder l'impuissance comme une erreur dans la personne?

Devergie soutient que l'impuissance ne peut jamais constituer une erreur dans la personne, cette erreur consistant en ce que l'un des époux, trompé par une fraude quelconque, a épousé un autre individu que celui qu'il avait l'intention d'épouser. La Cour de Gênes a rendu un arrêt en ce sens le 7 mars 1811.

Mais, d'autre part, si une Femme avait contracté Mariage avec un individu réputé jusqu'alors appartenir au sexe masculin, mais qui ne serait réellement qu'une femme comme elle, oserait-on prétendre qu'un tel Mariage est valable par la raison que c'était bien cette personne qu'avait en vue la contractante? Non, sans doute. Ce cas est arrivé : un arrêt du Parlement (18 janvier 1765) a déclaré nul le Mariage d'une fille Grand-Jean, chez laquelle l'organe distinctif du sexe féminin était tellement mêlé avec plusieurs signes trompeurs de virilité qu'elle-même se croyait Homme.

Faisons remarquer que l'action en nullité de Mariage pour cause d'impuissance n'est pas perpétuelle, qu'elle est au contraire limitée à six mois.

« La demande en nullité n'est plus recevable toutes les fois qu'il y a eu cohabitation continue pendant six mois depuis que l'époux a acquis sa pleine liberté ou que l'erreur a été par lui reconnue. » (Art. 181.)

En résumé, dans les six premiers mois de la cohabitation, la nullité peut être demandée pour cause d'impuissance par celui des deux époux qui a été trompé, non seulement lorsque çelle-ci a été *accidentelle, manifeste et antérieure au Mariage, mais aussi lorsqu'elle est naturelle et tellement manifeste qu'on ne peut la révoquer en doute.*

Mais une difficulté s'élève : l'impuissance accidentelle et manifeste étant alléguée, doit-elle être vérifiée par les hommes de l'art? Or, la loi, si elle n'interdit pas les *visites corporelles,* n'oblige personne à s'y soumettre. Donc, dans le cas de refus, toute décision judiciaire serait impossible.

L'impuissance peut être alléguée par le mari dans la question de paternité. L'article 312 dit :

« L'enfant conçu pendant le Mariage a pour père le mari. Néanmoins,.celui-ci pourra désavouer l'enfant, s'il prouve que pendant le temps qui a couru depuis le 300e jusqu'au 180e jour avant la naissance, il. était..., par l'effet de quelque *accident,* dans *l'impossibilité physique* de cohabiter avec sa femme. »

L'article 313 porte : « Le mari ne pourra, en alléguant son impuissance *naturelle,* désavouer l'enfant. » Cela est juste, car, connaissant son impuissance native, il devait ne pas contracter Mariage; il ne peut être admis à prétendre qu'il était inhabile au coït.

28.

Quant aux signes de l'impuissance, nous les avons examinés précédemment.

L'impuissance est ou *manifeste* ou *non-apparente*. Lorsqu'un individu de l'un ou de l'autre sexe a les organes nécessaires pour exercer le coït, mais est néanmoins *stérile*, il est atteint d'une impuissance non apparente, laquelle ne peut être alléguée comme cause de nullité de Mariage. La *stérilité* proprement dite ne peut donc donner lieu à une demande de cette nature.

Il n'en est plus de même dans le cas d'*impuissance manifeste, naturelle* ou *accidentelle*. Chez l'Homme, elle consiste dans l'absence de la verge, l'absence des testicules, l'imperforation de la verge qui accompagne toujours l'exstrophie de la vessie.

Il faut que l'absence de la verge soit complète : s'il peut y avoir intromission d'une courte portion, suffisante pour déterminer chez la femme le degré d'éréthisme convenable, la fécondation est possible.

Quand il y a exstrophie de la vessie, les uretères s'ouvrent à la surface de cet organe, qui fait saillie au-dessus du pubis à travers les parois abdominales, et le pénis est ordinairement court et imperforé.

L'absence *réelle* des testicules, résultant de la castration, est seule admise comme cause de nullité ; car leur absence dans le scrotum n'est point une preuve suffisante de leur non-existence : attendu que ces organes ne sont peut-être pas encore descendus ; que, chez certains individus, ils demeurent toute la vie dans l'abdomen.

Bien d'autres conditions organiques (hypospadias, épispadias, grosseur démesurée de la verge, hydrocèle, sarcocèle double, obésité excessive, etc.), peuvent être causes d'infécondité ; mais il n'y a que les trois que nous venons d'indiquer (absence de verge ou de testicules, imperforation du pénis avec exstrophie de la vessie) qui déterminent l'incapacité absolue, indubitable.

Chez la Femme, il n'y a que l'oblitération naturelle ou accidentelle du canal vaginal qui soit une cause absolue d'impuissance, partant de nullité de Mariage.

Quelquefois la vulve manque et le vagin s'ouvre dans le rectum. Une Femme ainsi conformée devint mère.

« A ce sujet, le célèbre Louis proposa aux casuistes la question suivante : *An uxore sic dispositá uti fas sit, vel non, judicent theologi morales :* mais le Parlement défendit de soutenir cette thèse ; et son auteur, en butte aux persécutions de la Sorbonne, fut obligé de réclamer du pape son absolution, et ne put faire imprimer son observation qu'en 1764, sous le titre : *De partium externarum generationi inservientiem in mulieribus naturali vitiosâ et morbosâ dispositione*, etc. Nous trouvons dans les auteurs plusieurs grossesses du même genre (1).

Nonobstant l'opinion contraire du célèbre professeur Orfila, nous pensons que, lorsque le vagin s'ouvre dans le rectum et qu'il y a libre communication entre ces deux organes, cette conformation doit être regardée comme une cause d'impuissance. Car, bien que le coït ne soit pas physiquement impossible, une semblable union répugne trop à la morale et à la nature pour que les tribunaux l'autorisent en quelque sorte en maintenant le Mariage.

En résumé, les trois conclusions suivantes se dégagent des considérations très controversées auxquelles donne lieu la question de nullité de Mariage.

« 1° Pour déclarer un individu impuissant, quel que soit son sexe, il faut constater qu'il existe en lui des causes physiques permanentes, des vices de conformation ou des lésions accidentelles appréciables par nos sens, auxquels l'art ne puisse remédier, et qui excluent la faculté d'exercer un coït fécondant.

« 2° Ces causes physiques, manifestes et

---

(1) *Dictionnaire des sciences médicales*, art. *Impuissance*.

susceptibles d'être rigoureusement déterminées, se bornent à un très petit nombre : l'absence de la verge, celle des testicules et l'exstrophie de la vessie chez l'Homme ; — l'absence de la vulve, l'absence ou l'oblitération du canal vaginal chez la Femme.

« 3° Tous les autres ne suffisent pas pour établir l'impuissance ; elles ne doivent être prises en considération que pour en tirer des déductions favorables à celui des deux individus qui est accusé d'impuissance. »

§ 6. Séparation de corps.

Nous empruntons au *Manuel* de Briant et Chaudé ce qui suit :

« D'après la doctrine primitive de l'Église, l'adultère était la seule cause qui pût motiver la répudiation (*Evangel. secund. Matthæum*, cap. 29). Justinien, cherchant à concilier les lois naturelles avec les idées du christianisme, établit l'*Impuissance* comme cause dirimante du Mariage, et les *sévices* comme cause de séparation, et celle-ci privait de la faculté de convoler à un second Mariage. On se régla dans la suite, pour la mesure des sévices et des mauvais traitements devant exiger la séparation, sur la naissance, la fortune et l'éducation des parties. Quant à l'adultère, il fallait qu'il fût évidemment prouvé : peu de maris osaient intenter une accusation à l'appui de laquelle il étoit si difficile d'apporter des preuves suffisantes et qui les exposait à être jugés comme calomniateurs et déclarés indignes de conserver sur leur femme l'empire que la religion et la loi leur avaient donné (Godefroi, *Comm. sur le § 4 Novel.*, chap. IV).

« Telles étaient autrefois les maximes admises en France par les jurisconsultes et les parlements.

« La loi du 18 mai 1816, réformant le titre VI du livre 1er du Code civil, qui avait été publié le 31 mars 1803, a prononcé l'abolition du divorce, et décidé que les dispositions de la loi du 31 mars, relatives au divorce pour causes déterminées, sont applicables à la séparation (art. 306); ainsi :

« Or, si le mari a été, par l'effet de quelque accident, dans l'impossibilité physique de cohabiter avec sa femme pendant le temps couru depuis le 300e jusqu'au 180e jour avant la naissance d'un enfant, celui-ci peut être désavoué,

« Le mari pourra demander la séparation pour cause d'adultère de sa femme.

« La femme pourra demander la séparation pour cause d'adultère de son mari, lorsqu'il aura tenu sa concubine dans la maison commune.

« Les époux pourront réciproquement demander la séparation pour excès, sévices et injures graves de l'un d'eux envers l'autre (Cod. civ., art. 229, 230, 231). »

et ce désaveu établit la preuve de l'adultère. La naissance à terme d'un enfant dont le père a été absent à l'époque présumée de la conception, ou quelquefois l'existence d'une maladie vénérienne chez une femme dont le mari est sain, sont également des preuves d'adultère. Le médecin peut donc être appelé, dans les demandes en séparation, à constater une impuissance accidentelle chez le mari, ou l'*âge* d'un nouveau-né, ou l'existence d'une maladie vénérienne chez la femme ; mais plus ordinairement des excès et sévices. »

La communication de la maladie vénérienne est comprise parmi les injures graves ; mais il faut que la preuve soit acquise et que des faits convaincants aient manifesté la vérité ; dans ce cas, seulement, la séparation est légitime et nécessaire.

Toutefois, la Cour a décidé (16 février 1807) que la communication du mal vénérien n'est pas essentiellement une cause de séparation de corps ; mais en même temps elle a fait entendre qu'il en serait autrement si cette communication était accompagnée de circonstances qui lui donnassent le caractère de sévices ou injures graves.

« Considérée en elle-même, dit un arrêt rendu le 4 avril 1818, et isolément de toutes circonstances particulières, la communication du mal vénérien ne saurait être appréciée par les tribunaux comme une injure grave dans le sens de la loi, parce que, lé plus souvent, elle peut être involontaire, l'époux n'ayant pas une connaissance suffisante de son état; et parce que, d'ailleurs; il est le plus souvent difficile de savoir quel est le véritable auteur de cette communication mystérieuse et clandestine de sa nature. »

§ 7. Divorce.

Le Divorce est une institution qui a subi bien des vicissitudes. Tour à tour prôné et combattu, il est aujourd'hui admis par certaines nations, rejeté par d'autres.

On confond souvent le sens des mots Divorce et Répudiation. Le *Divorce* est la dissolution du Mariage faite en vue des intérêts respectifs du mari et de la femme; il résulte souvent du consentement mutuel des époux. — La *Répudiation* est le renvoi de la femme par la volonté seule du mari; elle est un acte de puissance pour celui-ci, une nécessité souvent douloureuse pour celle-là.

L'usage du Divorce a été importé en France par les Romains lors de la conquête des Gaules par J. César, et il s'y perpétua sous les rois de la première et de la deuxième race. Charlemagne, nous dit l'histoire, répudia Théodora, sa première femme, parce qu'elle n'était pas chrétienne.

La religion catholique, en se développant, finit par se substituer à la loi civile. Les papes imposèrent leurs décrétales à l'Occident : et l'Église, jugeant seule du Mariage, jugea seule du Divorce et le condamna.

Philippe-Auguste se crut assez fort pour braver la puissance ecclésiastique : il répudia Ingelburge pour épouser Agnès de Méranie. C'était par raison d'État; mais il fut excommunié et son royaume frappé d'interdit.

Cependant, la cour de Rome autorisa quelquefois des souverains à se séparer de leurs femmes légitimes et à contracter de nouvelles unions. Ce n'était pas alors un divorce que l'Église autorisait, mais une nullité de mariage qu'elle reconnaissait : fiction commode, il faut en convenir, et dont les têtes couronnées seules ressentaient les effets : Henri IV fut de celles-là.

Henri VIII, en Angleterre, fut le premier souverain qui osa se passer du consentement du Pape.

Le droit canon dit que « tant que l'un des époux séparés de corps est vivant, l'autre ne peut songer à de nouvelles noces, parce que le lien conjugal subsiste; or, cette maxime de l'Église est restée en vigueur en France, et la

Séparation de corps, qui ne dissout pas le
Mariage et ne permet que l'éloignement des
époux, était le seul remède admis par la loi aux
unions mal assorties, avant l'année 1884 où le
divorce a été rétabli en France, non sans
qu'on ait fait valoir les arguments pour et
contre.

Pour le Divorce.

« Quand on ne considère que l'intérêt particulier de ceux qui demandent à rompre un lien
devenu pour eux intolérable, on peut raisonner
ainsi : L'indivisibilité du Mariage ne répugne-
t-elle pas à l'équité? Est-il équitable de dispo-
ser irrévocablement et, pour ainsi dire, sans les
consulter, sinon pour la forme, de la liberté et
du bonheur de personnes sans expérience, dont
la raison n'est pas encore développée? Est-il
équitable d'attacher le mort au vif, de laisser
unie au sort d'un débauché, d'un furieux, d'un
monstre, une épouse bonne, sensible et ver-
tueuse? Est-il équitable qu'un Homme raisonnable et paisible, ami de l'ordre et de la vertu,
soit condamné à passer sa vie avec une Femme
querelleuse, emportée, dissipatrice et souvent
libertine, ou, s'il a recours à la séparation,
qu'il soit privé de la plus douce des jouissances
et de la consolation de partager son existence?

Les bonnes mœurs elles-mêmes sont intéressées à ce que certains Mariages puissent être dissous. Les crimes occasionnés par les mauvais Mariages sont nombreux; en une seule année, la Tournelle, du Parlement de Paris, avait prononcé sur vingt-neuf crimes d'assassinat ou d'empoisonnement commis par des maris sur des femmes ou par des femmes sur leurs maris.....

Contre le Divorce.

« Mais quand on se place à un point de vue plus élevé, celui du bien public, on peut prévoir les conséquences du Divorce, non seulement pour les époux, mais encore pour les enfants issus de cette union passagère, et pour la société elle-même aux yeux de qui l'exemple donné va porter atteinte à la sainteté du Mariage, à celle même de la famille. Qui élèvera ces malheureux enfants dont le père et la mère n'ont pu vivre ensemble? Celui des deux époux à qui on les confiera les aimera-t-il, et ne fera-t-il pas retomber sur eux une partie de la haine qu'il a conçue pour l'autre? Si un nouveau Mariage oblige ces enfants à entrer dans une nouvelle famille, quelle place y occuperont-ils parmi d'autres enfants à qui toute la tendresse des parents sera assurée? Comment règlera-t-on leurs droits d'héritage après la mort des parents, sans faire naître une foule de débats capables de troubler la paix et l'union des familles?

« Il est triste, assurément, de condamner deux individus à rester malheureux toute leur vie, quand on pense qu'il suffirait d'un mot pour leur rendre la liberté et leur permettre de chercher le bonheur dans une nouvelle union; mais si cela n'était possible qu'en portant un coup funeste à l'institution même de la famille, qui a toujours été regardée comme le fondement le plus solide de la société, ne serait-on pas fondé à dire : Mieux vaut encore le malheur de deux individus que le risque d'ébranler la société en avilissant la famille! »

Le Divorce a pour adversaires les plus hautes célébrités de l'ordre judiciaire et de l'ordre religieux, quoique peut-être il y ait quelque exagération dans les arguments qui viennent d'être produits; et qu'il soit possible d'en ajouter d'autres à l'appui de la thèse contraire. Mais tout bien pesé, encore une fois, le salut de la société doit primer celui de quelques couples mal assortis. En effet, quelle promiscuité de conditions et de familles, et quelle confusion dans les successions si le Divorce était inscrit dans nos lois! On verrait bien des maris corrompus qui, voyant se faner si vite la beauté d'une jeune épouse, naguère encore si jolie, s'autoriseraient d'un tel changement pour caresser des projets d'une nouvelle alliance.

« Le Divorce, a dit Hennequin, intervient comme une chance fatale dans tous les projets de la vie pour en arrêter l'élan ; dans toutes les paroles d'amour pour y jeter quelque chose de contestable. A-t-on bien calculé tous les ravages que peut exercer dans le sein d'un mari cette idée, que toute Femme qui s'offre à ses yeux est une épouse possible... »

Si, cependant, la vie commune devient absolument insupportable à l'un des époux, il reste la ressource de la séparation de corps, qui est loin d'avoir les inconvénients du Divorce.

« Le Divorce, dit encore Hennequin, est le père de la ruse et du mensonge. Il corrompt les voies de la justice. Tout est souvent faux et trompeur dans une instance en Divorce, parce que là il s'agit de changer de Mariage ; tout est vrai, tout est légal, du côté de l'épouse du moins, dans une instance en séparation, où l'on ne peut se promettre que de changer de malheur. »

Troplong fait remarquer d'ailleurs que « ce n'est pas au peuple que s'adresse le Divorce. Il n'y a guère d'exemples qu'il en ait usé. Le Divorce est plutôt recherché par les esprits blasés ou inquiets ; par ces existences oisives, tourmentées et romanesques, qui font tourner contre leur propre bonheur la culture de leur intelligence, et se rendent malades par où d'autres ont coutume de guérir. »

« Le pouvoir politique, dit de Bonald, n'intervient, par ses officiers, dans le contrat d'union des deux époux, que parce qu'il y représente l'enfant à naître, seul objet social du Mariage.

« L'engagement conjugal est donc réellement formé entre trois personnes, présentes ou représentées.

« L'engagement formé entre trois ne peut donc être rompu par deux, au préjudice du tiers, puisque cette troisième personne est, sinon la première, du moins la plus importante; que c'est à elle seule que tout se rapporte, et qu'elle est la raison sociale de l'union des deux autres; le père et la mère, qui font Divorce, sont réellement deux forts qui s'arrangent pour dépouiller un faible, et l'État, qui y consent, est complice de leur brigandage. »

Dans les choses les plus graves, il y a presque toujours un côté plaisant. C'est pourquoi nous terminerons ce chapitre par le rappel d'une ancienne coutume suisse bien singulière. Le mari et la femme qui demandaient à divorcer devaient être renfermés pendant huit jours en tête-à-tête dans une chambre où il n'y avait qu'une table, qu'une chaise et qu'un lit; leur action n'était recevable qu'après cette épreuve.

On attribue une grande efficacité à cette précaution, et l'on prétend que presque tous les couples sortirent réconciliés avant la fin de l'épreuve.

II

GROSSESSE

Grossesse normale. — G. extra-utérine — Indispositions de la femme. — Fausse grossesse. — Embryon. — Hygiène de la grossesse.

La *Grossesse* est l'état de la Femme qui a conçu et qui porte dans son sein le produit de la conception. Cet état a une durée totale de 270 jours ou 9 mois solaires. Il se termine par l'Accouchement, où commence la sixième partie de ce livre.

La Grossesse est dite *normale (utérine)*, lorsque l'ovule parcourt le trajet de la trompe jusqu'à la matrice pour s'y développer ; elle est *fausse* ou *extra-utérine* quand l'ovule s'arrête dans la trompe ou qu'il se développe en un autre point que l'utérus, dans la cavité abdominale, par exemple.

Nous ne dirons rien des grossesses *extra-utérines*, rares d'ailleurs, si ce n'est qu'on leur attribue, comme causes soit un rétrécissement, soit un embarras du conduit de la trompe, une vive émotion morale, la frayeur, par exemple, au moment de l'imprégnation. Alors l'œuf se développe sous la forme d'un kyste, lequel emprunte aux tissus où il s'est fixé les éléments de sa nutrition; mais au bout de 2 à 4 mois ce kyste se rompt, son contenu se répand dans la cavité abdominale, et cela produit des accidents de péritonite; d'autres fois c'est un fœtus mort, qui subit la dégénérescence graisseuse ou une sorte d'incrustation de sels calcaires, il se transforme en un corps dur non altérable, qui ne gênant la Femme que par son poids et la déformation qu'il imprime au ventre. Ou bien encore ce produit d'une conception altérée dans sa source, se décompose et amène une inflammation, un abcès qui rejette, avec le pus, les débris du cadavre. Aussi la terminaison de la Grossesse extra-utérine est-elle le plus ordinairement fatale à la mère.

Revenons à la *Grossesse normale*. Elle nous offre à étudier deux ordres principaux de phénomènes : 1° ceux relatifs au produit de la conception, au fœtus; 2° ceux qui concernent la Femme, c'est-à-dire l'hygiène de la Grossesse.

§ 1. Phénomènes relatifs au produit de la conception (Embryologie.)

On donne le nom d'*Embryologie* à l'étude des phénomènes d'évolution par lesquels l'ovule, de simple cellule animale, se transforme, petit à petit, en un être complet semblable aux auteurs qui l'ont procréé.

Cette définition s'applique à la reproduction des ovipares comme à celle des vivipares.

Or, nous avons décrit précédemment l'*œuf* considéré en général, principalement l'*œuf de poule pondu*, pris comme type ; et comme aussi nous avons étudié l'*œuf humain* (p. 151), il ne nous reste plus qu'à considérer ce dernier qu'à partir du moment où il se loge dans l'utérus.

Au cours de son trajet dans la trompe de Fallope, l'ovule s'est nourri, par simple imbibition, aux dépens des liquides albumineux qui baignent ce canal ; mais, au moment où il arrive dans la matrice, il y trouve une muqueuse très hypertrophiée, dans l'un des plis de laquelle il se loge, comme dans un nid, dont les bords vont bientôt l'entourer complètement pour former plus tard la *membrane caduque*, qui est l'enveloppe la plus externe de l'embryon.

L'ovule forme ensuite lui-même les membranes (*chorion* et *amnios*) qui vont lui fournir un appareil régulier d'*absorption*, partant de nutrition.

« Par un phénomène particulier d'involution, l'amas cellulaire qui va devenir corps de l'embryon s'enfonce vers le centre de la cavité vitelline, en entraînant avec lui la portion de membrane vitelline correspondante. Il en résulte, à ce niveau, une dépression analogue à celle que l'on produirait sur une sphère de pâte en y appuyant la pulpe du doigt : le fond de cette dépression est occupé, cela résulte des faits précédents, par le corps de l'embryon ; mais les bords de cette dépression s'élèvent de plus en plus et tendent à se joindre, pour se confondre en un orifice de plus en plus petit, comme l'ouverture d'une blague à tabac ou d'une bourse, ouverture qui se fronce à mesure que l'on tire sur les cordons destinés à la fermer.

« Bientôt cet orifice s'efface lui-même tout à fait, et la dépression primitive se trouve transformée en une cavité close, en une poche, au fond de laquelle se développe l'embryon. Cette poche se remplit de liquide exsudé par ses parois. »

C'est là l'origine de la *poche amniotique* ou *membrane amnios* et du *liquide amniotique* dans lequel est baigné et comme suspendu le fœtus, qui est mis ainsi à l'abri des chocs violents.

Entre la *caduque* et l'*amnios*, une autre membrane, le *chorion*, déjà nommé, s'est formée.

On nomme *vésicule ombilicale* un organe de la plus haute importance chez les embryons d'Oiseaux, auxquels il fournit, pendant toute la durée du développement, une provision de nourriture aux dépens du jaune de l'œuf et qu'absorbe un appareil circulatoire particulier.

Mais la vésicule ombilicale, dans l'œuf humain, joue un très faible rôle; car elle disparait de bonne heure, comme l'appareil circulatoire dont il vient d'être parlé, parce que l'embryon établit bientôt des rapports directs de circulation avec la mère, au moyen du placenta. (V. la planche représentant le *Nouveau-né*, le *Placenta* et le *Cordon*.)

Le *Placenta* se forme comme il suit : au point où l'œuf est en contact avec les parois de l'utérus, le chorion devient très épais, vasculaire, et acquiert un développement extraordinaire, ça devient une masse charnue parsemée de saillies (*cotylédons*), qui sont en communication avec pareilles inégalités de l'utérus hypertrophié; le *placenta* est donc une espèce de gâteau de forme arrondie, qui reçoit en abondance des vaisseaux sanguins appartenant à la mère.

A sa face, celle en regard du fœtus, se dessinent les ramifications des vaisseaux allantoïdiens, lesquels plongent dans la portion du même placenta en rapport avec l'utérus.

Le *cordon ombilical* est formé par de la *veine ombilicale* et les deux *artères* de même nom. Le sang que charrie la veine est emprunté à la mère par l'intermédiaire de la face utérine du placenta; après avoir rempli son rôle de nutrition dans le fœtus, le sang retourne à la mère par les artères ombilicales, qui, elles, le soumettent à une sorte de respiration placentaire; puis ce même cordon pénètre dans l'abdomen du fœtus par une ouverture qui doit former, après la naissance, la cicatrice ombilicale. Ainsi, la masse charnue du placenta est le lieu des échanges nutritifs entre l'organisme du fœtus et celui de la mère.

Nous n'indiquerons pas ici par quelles métamorphoses successives se constituent les organes du fœtus; cette étude exige des connaissances spéciales en anatomie et en physiologie; d'ailleurs, elle n'offre aucun intérêt pratique.

Mais nous suivons l'embryon dans ses progrès de développement, de poids et de perfection les plus importants.

L'*Embryon humain* n'a que 2 millimètres de longueur, douze jours après la fécondation.

Il est long de 30 millimètres et pèse 2 gr. 50 quarante jours après la fécondation. A cette période, on peut y distinguer une grosse extrémité qui forme la moitié du corps quant à la masse; la tête, où l'on voit deux points noirs, rudiments des yeux, et une fente transversale qui indique la bouche. Les quatre membres ne se dessinent encore que comme quatre papilles à peine saillantes et informes. Le cordon ombilical s'insère tout près de l'extrémité inférieure du corps.

Vers la fin du deuxième mois, l'embryon a environ 45 millimètres. La tête se dessine mieux; un sillon, qui sera le cou, la sépare du tronc. On voit la main apparaître, mais très longue et formant la presque moitié du membre supérieur. Les organes génitaux se dessinent par une fente qui ne donne pas encore le caractère du sexe.

A trois mois, l'embryon prend le nom de *Fœtus*; il est parfaitement formé. Il mesure 13 à 15 centimètres et pèse environ 80 grammes. La tête est nettement dessinée; les membres sont détachés du corps, mais fléchis sur le tronc; le pavillon de l'oreille apparaît.

A six mois, le fœtus est long de 33 centimètres; il pèse 1 kilogramme; la tête présente des cheveux; l'extrémité des doigts, des ongles.

A sept mois, le petit être pèse 2 kilogrammes et sa longueur est de 40 centimètres. La peau est couverte d'une matière sébacée; les organes intérieurs, squelette, viscères, sont assez développés pour que l'Enfant naisse viable.

Mais ce n'est qu'à neuf mois qu'il est à terme, c'est-à-dire arrivé au degré de développement qui lui permet de respirer librement dans l'air et d'assimiler une nourriture appropriée à ses organes délicats, le *lait*. Alors sa longueur est de 46 à 50 centimètres, et son poids de 3 kil. 500 (soit 7 livres). Les membres inférieurs, bien développés, forment le tiers de la longueur du corps.

§ 2. Phénomènes de la grossesse relatifs à la femme.

Par le fait même de la fécondation et de la présence du fœtus, l'utérus devient le siège d'un mouvement nutritif particulier : son volume s'accroît avec sa cavité; son tissu propre change de nature et devient tout à fait musculaire; ses parois s'épaississent ainsi que sa muqueuse; sa forme est sphérique et il change de position.

Ainsi, pendant les trois premiers mois, l'utérus est encore plongé dans la concavité du sacrum, où son fond se renverse un peu, se portant à droite à cause du rectum. Il résulte de là que le col est dirigé un peu en bas, en avant et à gauche. A quatre mois, l'utérus s'élève à deux ou trois travers de doigt au-dessus du pubis; à cinq mois, il est à un travers de doigt au-dessous de l'ombilic; à six mois, il le dépasse; à sept mois, trois travers de doigt; à huit mois, quatre ou cinq. Au commencement du neuvième mois, l'utérus s'élève encore; mais, dans la dernière quinzaine, il s'abaisse un peu, car la tête du fœtus s'engage dans l'excavation pelvienne.

En s'élevant, l'utérus suit la direction de l'axe du détroit supérieur, il se porte en avant

à cause de la saillie de la colonne lombaire.
Son col s'épaissit et présente un ramollisse-
ment qui augmente par degrés; il conserve ses
longueurs jusqu'à la dernière quinzaine; mais,

État des organes au
moment où le col est à
peu près entièrement di-
laté, la poche des eaux
fait saillie dans le vagin
et la tête s'engage.

A et B, vertèbres lom-
baires et sacrum. C, rec-
tum dont une portion de
paroi est enlevée, ce qui
en laisse voir l'intérieur.
D, coccyx. E, intérieur
du vagin. F, symphise
du pubis. G, vessie. H,
tête du fœtus en première
position. I, poche des
eaux. K, paroi de la ma-
trice. L, cordon ombi-
lical. M, Placenta. N,
masse de l'intestin grêle.
O, gros intestin.

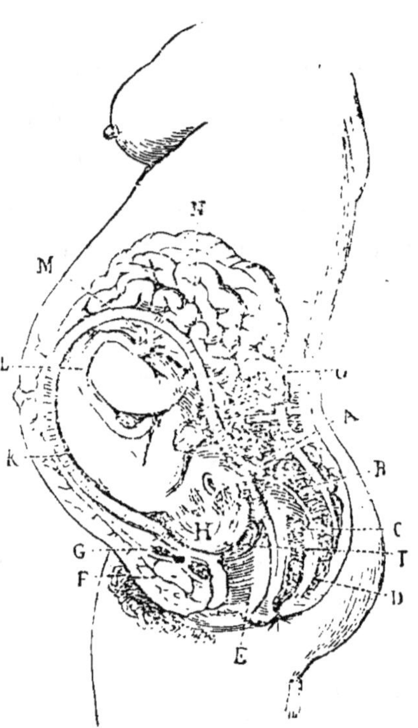

*Cette figure représente la grossesse à terme.
et l'accouchement est commencé.*

à ce moment, il s'efface de plus en plus et son
extrême minceur indique que le commencement
du travail de l'accouchement est proche.

Le ventre augmente de volume, cela va sans

dire ; mais dans le premier mois, cette augmentation est due à la présence de gaz ; quelquefois, au contraire, le ventre est plus plat qu'auparavant, ce qui a donné lieu à ce dicton : « *A ventre plat, enfant il y a.* » C'est à partir de trois mois et demi que la saillie du ventre se fait régulièrement jusqu'au terme. Alors la peau du ventre est distendue, marquée de vergetures brunes et la dépression abdominale a disparu. La Femme éprouve de la difficulté à marcher à cause du relâchement des symphyses du bassin, et elle se tient un peu renversée en arrière pour maintenir l'équilibre rompu par le poids de l'utérus gravide porté en avant. Ses fonctions sont troublées par la pression qu'exerce cet organe distendu sur l'estomac, les poumons et le cœur, en refoulant le diaphragme en haut ; sur la vessie, le rectum, en pressant dessus, etc. : de là, viennent l'inappétence, le dégoût d'aliments, les goûts bizarres, les nausées, vomissements, palpitations, la gêne de la respiration. toux, congestion céphalique ; de là aussi la rétention d'urine, la constipation, etc.

La circulation de la femme grosse est activée ; le pouls plus fréquent. Il se produit tantôt une *pléthore sanguine*, le sang tiré de la veine offrant un caillot volumineux recouvert d'une couenne ; tantôt, au contraire, le sang devient moins riche, plus séreux, à caillot plus petit, quoique couenneux encore, et c'est alors la *pléthore séreuse*. C'était là du moins ce que l'on enseignait et ce qu'observait autrefois l'auteur.'

La sécrétion urinaire présente certaines altérations. Les reins, congestionnés mécaniquement ou par une action vitale particulière, sécrètent souvent une urine qui contient de l'albumine en plus ou en moins grande quantité ; or, cet état s'accompagne presque toujours d'hydropisie du tissu cellulaire et d'autres accidents, tels que l'éclampsie, l'accouchement prématuré, etc.

Ajoutons enfin que la Grossesse affecte les fonctions des sens ; elle cause une certaine irritabilité générale, un changement d'humeur, de l'inquiétude, de la tristesse, une aversion pour le mouvement. Les troubles nerveux peuvent même se transformer en monomanie et priver la patiente de son libre arbitre. Les excentricités de caractère, les actes répréhensibles, criminels même, ne sont pas très rares commis par les Femmes enceintes.

Le diagnostic de la Grossesse est loin d'être aussi sûr qu'on pourrait le croire, car on voit souvent des Femmes affirmer qu'elles sont enceintes, parce que leur ventre s'est développé et qu'elles sentent, disent-elles, les mouvements de l'enfant ; cependant, elles ne le sont point. Ces fausses Grossesses sont dues à un développement de gaz excessif dans les intestins ou dans la matrice, peut-être même dans le péritoine ; et quant aux prétendus mouvements du fœtus, il faut les rattacher à des contractions musculaires des parois de l'abdomen.

Le palper du ventre et le *toucher vaginal* ne sont pas des moyens de diagnostic absolument certains ; ils peuvent induire en erreur, quoique la chose soit difficile à un praticien instruit et exercé. Mais les signes indubitables de grossesse consistent dans : 1° le mouvement de *ballottement*, imprimé à l'œuf si l'on frappe de bas en haut le corps de la matrice avec le doigt indicateur ; on sent alors quelque chose de mobile qui cède à l'impulsion qui lui est communiquée, pour retomber à la manière de tout corps mobile nageant dans l'eau ; 2° le second signe consiste dans le *bruit de souffle* artériel. Ce bruit s'entend dès le quatrième mois de la Grossesse lorsqu'on applique l'oreille sur l'abdomen. Il paraît avoir pour siège les gros vaisseaux sanguins utéro-placentaires. Un autre bruit, mais très faible, peut être perçu : c'est celui des *battements du cœur du fœtus ;* il est comparable au tic-tac d'une montre.

En somme, à partir du cinquième mois, la Grossesse peut être reconnue à des signes certains ; mais jusque-là, la certitude n'est que difficilement obtenue. Ces signes, répétons-le, sont : 1° le ballottement, il peut être perçu à partir de quatre mois et demi; 2° les mouvements du fœtus, sentis vers la même époque; 3° surtout les battements du cœur du fœtus et le bruit de souffle placentaire.

§ 3. Hygiène de la grossesse.

La Grossesse, quoique étant un état physiologique, devient cause de souffrances nombreuses et même de maladies. La Femme grosse doit respirer un air pur et abondant, éviter les émotions morales, les secousses corporelles. Les époques correspondantes au retour des règles doivent lui faire redoubler de précautions. Les périodes correspondantes à la troisième et à la septième menstruation supprimée sont des moments plus spécialement dangereux, parce que l'expérience a montré que l'avortement a le plus fréquemment lieu à trois mois, et l'avortement prématuré entre le septième et le huitième mois. Une *ceinture* appropriée doit soutenir le ventre.

Les *envies* du début ne doivent pas être contrariées, à moins qu'elles ne portent la Femme à faire usage de substances nuisibles ou à commettre des actes répréhensibles.

Aux accidents déterminés par la *pléthore sanguine*, on oppose la petite saignée, qui les fait ordinairement disparaitre. Mais ils sont souvent confondus avec ceux que produit la *pléthore séreuse*, laquelle repousse toute évacuation sanguine, et, au contraire, appelle l'usage des ferrugineux.

Nous n'avons pas à nous occuper des états pathologiques proprement dits que détermine quelquefois la Grossesse, tels que hydropisies ou infiltrations séreuses des jambes, des cuisses, du tronc même ; l'éclampsie, affection grave qui correspond avec l'albuminurie ; l'hydropisie de l'amnios ; les hémorragies utérines ; les hémorrhoïdes, etc. C'est au médecin d'en connaître.

Mais une question délicate se présente et doit être abordée. C'est celle des *rapprochements sexuels au cours de la Grossesse.*

Pourquoi les Femmes acceptent-elles les hommages de leurs maris lorsqu'elles sont enceintes, tandis que dans une situation semblable les femelles des animaux fuient l'approche des mâles ? On cherchait à résoudre la question devant Fontenelle. Chacun donnait son argument. Santeuil gardait le silence, quelqu'un l'interpella : — Et vous, monsieur Santeuil, qu'en pensez-vous ? — Ma foi, dit en riant Santeuil, je ne connais d'autre raison que les uns sont raisonnables et les autres des bêtes.

Puisqu'enfin l'espèce humaine n'est pas la

plus raisonnable, il faut lui répéter qu'il est nécessaire que les rapports sexuels aient lieu rarement et avec les plus grands ménagements lorsqu'il y a grossesse; que l'abstention doit devenir aussi complète que possible vers les époques que nous avons précédemment indiquées comme plus dangereuses.

Manquer de suivre ces conseils, c'est s'exposer à provoquer l'avortement ou l'accouchement prématuré.

Fausse grossesse.

Appelons-la plutôt grossesse *apparente*. Il s'agit de diverses affections pouvant simuler la grossesse telles que môle, hydatides, air (tympanite utérine), eau (hydropisie), tumeurs, qui en imposent aux praticiens les plus exercés, car les mêmes phénomènes se reproduisent : règles supprimées, nausées, dégoûts, voire même gonflement des seins. Le ventre se développe peu à peu et des mouvements intérieurs achèvent de confirmer la femme dans l'idée qu'elle est véritablement enceinte. Le toucher, le ballottement, permettent de décider la question. Reste à reconnaître la cause réelle du phénomène et à y porter remède s'il est possible.

SIXIÈME PARTIE

ACCOUCHEMENT — NOUVEAU-NÉ — NOURRICE

I

ACCOUCHEMENT

Accouchement naturel. — Ses divers temps. — Délivrance. Avortement.

L'*Accouchement* est l'acte fonctionnel par lequel le produit de la conception est expulsé de l'utérus au terme normal de la grossesse.

Quand ce terme est avancé ou retardé, l'Accouchement est dit *prématuré* ou *tardif*. L'Accouchement tardif peut n'avoir lieu qu'à neuf mois et demi et même dix mois; mais cela est très rare.

Selon qu'il se fait par les seules forces de la nature ou qu'il exige l'intervention de l'art, l'Accouchement est dit *naturel* ou *non naturel*. Il est *laborieux* ou *contre nature*, lorsque le fœtus présente au passage une autre partie que la tête.

Nous ne décrirons que l'Accouchement *natu-rel*, celui qui se présente d'ailleurs quatre-vingt-dix-huit fois sur cent; après quoi nous passerons à la *Délivrance*.

§ 1. **Accouchement naturel.**

L'*Accouchement* est un acte physiologique, comme tel il doit être, il est en effet une fonc-tion qui, dans l'immense majorité des cas, peut se passer de toute intervention étrangère.

L'expulsion du Fœtus a pour agents essen-tiels : 1° les contractions des parois muscu-laires de la matrice, qui agissent seules dans la première moitié du travail; 2° les contrac-tions des muscles abdominaux, qui s'ajoutent aux premières dans la seconde période. Le produit de la conception n'est pour rien dans ces efforts; il reste tout à fait passif, malgré ce qui a été dit à cet égard.

Lorsque le Fœtus est arrivé au degré de développement qui lui permet de vivre hors du sein maternel, l'heure de l'Accouchement a sonné, le travail commence. Toutefois, ce travail est précédé, quelques jours à l'avance, de *phénomènes précurseurs*, tels que : abaisse-ment sensible de l'utérus, diminution de la gêne de la respiration; par contre, il survient un peu plus de pesanteur, des envies d'uriner plus fréquentes, de la fatigue plus grande, etc., et cela parce que le globe utérin presse davantage sur les organes situés dans le bassin. En outre, vers l'approche du moment suprême, il se manifeste un écoulement muqueux, marqué de stries de sang qui indiquent que déjà le *placenta* commence à se *décoller*; puis ce sont des contractions douloureuses de l'utérus, courtes et intermittentes, annonçant le commencement du travail.

Ces douleurs, appelées *mouches, coliques*, se manifestent quelquefois quinze jours, trois semaines avant le terme, pour cesser et ne revenir qu'au moment où se déclarera le véritable travail.

Le travail de l'Accouchement est divisé, par les accoucheurs, en trois temps, deux pour l'expulsion du Fœtus, le troisième pour l'expulsion du placenta. Nous trouvons, nous, trois temps pour l'expulsion, et voici les phénomènes qui leur correspondent.

1er temps. — Les douleurs s'accentuent, deviennent plus régulières et plus fréquentes, quoique encore relativement faibles; on les appelle *douleurs préparantes*; le col de l'utérus s'entr'ouvre et le bourrelet que forment les lèvres du museau de tanche s'efface peu à peu.

2e temps. — Les douleurs préparantes sont plus fortes; sous leur influence, qui correspond toujours aux contractions des parois utérines,

les membranes de l'œuf commencent à former
ce que l'on nomme la *poche des eaux*, laquelle
s'engage dans l'ouverture du col et contribue
à l'élargissement de celui-ci, à sa *dilatation*,
selon l'expression consacrée.

Cette dilatation du col se fait plus ou moins

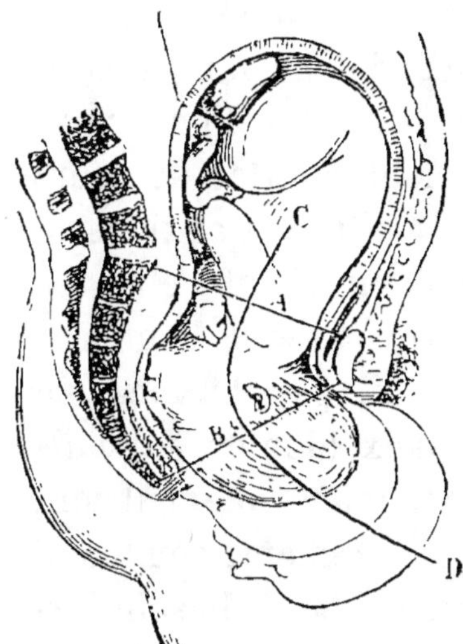

La tête est engagée dans
le détroit inférieur et prête
à le franchir. Pressée de
toutes parts, elle s'allonge
un peu en cône pour faci-
liter son passage; et lorsqu'elle est au dehors, elle remonte vers le pubis comme
l'indiquent les traits expliquant ses positions successives.

A, ligne mesurant le dia-
mètre du détroit supérieur
ou sacro-pubien. B, détroit
inférieur. CD, ligne courbe
indiquant la direction de la
résultante des forces qui
agissent sur le fœtus.

La tête prête à franchir le détroit inférieur.

lentement, selon que les douleurs sont plus ou
moins fortes et fréquentes ou faibles et rares.
Mais parfois ces mêmes douleurs, quoique
fortes, ne font faire aucun progrès au travail;
elles règnent alors principalement dans la
région lombaire (*douleurs de reins*), et elles fati-
guent considérablement la Femme, qui ne sait
trouver ni bonne position, ni repos, bien qu'elle
éprouve une grande tendance au sommeil.

3e temps. — Enfin le col est suffisamment dilaté pour que la tête puisse le franchir; la poche des eaux s'est généralement rompue, et cette rupture, en laissant écouler une certaine quantité des eaux de l'amnios, donne plus de force aux contractions utérines, qui agissent dès lors sur un globe diminué de diamètre.

La tête de l'enfant descend donc dans le petit bassin; elle se présente bientôt à l'ouverture vulvaire. C'est à ce moment que les douleurs vont changer de nature; elles étaient anxieuses, vives, sans grande action sur l'œuf, elles se font pressantes et vont provoquer la Femme à pousser, comme malgré soi, par la mise en jeu des muscles abdominaux (douleurs *expultrices*). Il y a dans ce phénomène d'expulsion, au dernier temps de l'Accouchement, combinaison d'une douleur acceptée avec un besoin instinctif dont la satisfaction promet, comme toutes les autres de même nature, un certain plaisir.

Dans l'Accouchement *naturel*, celui dont nous venons de rappeler les phases les plus ordinaires, l'accoucheur reste simple spectateur de la marche du travail; il s'assure seulement de ses progrès par le toucher vaginal; il suit ceux de la dilatation du col; il dirige les efforts de la Femme, et, au moment où la tête se présente au passage externe, il soutient le périnée. (Voir la fig. p. 365.)

Nous l'avons déjà dit. L'Accouchement se fait naturellement et sans secours direct étranger quatre-vingt-quinze fois sur cent au moins. Mais il n'est pas moins nécessaire de savoir que des accidents de plusieurs sortes peuvent survenir, en retarder, entraver et même arrêter tout à fait la marche. Ces accidents sont : l'*hémorragie*, qui peut offrir une gravité inquiétante ; l'*éclampsie*, qui compromet la vie de l'enfant et nécessite souvent l'Accouchement forcé, dont le premier temps consiste dans la *rupture* prématurée des membranes. — Les douleurs irrégulières, anxieuses, peuvent être rendues plus naturelles et efficaces au moyen du bain, de la saignée, etc. — Quant au défaut de contractions utérines, de *douleurs* autrement dit, il peut être combattu par des frictions faites sur le ventre et, au besoin, par l'administration de 1 gramme de poudre de seigle ergoté. Quelquefois leur suspension tient simplement à une émotion, à une contrariété éprouvée par la Femme.

Lorsque la partie du Fœtus qui se présente est autre que la tête, l'Accoucheur doit opérer la *version*, c'est-à-dire introduire la main dans les organes de la mère, afin d'aller chercher, non pas la tête, mais les pieds pour les ramener au dehors. — Quant à l'emploi du *forceps*, on y a recours pour faire franchir à la tête l'ouverture vulvaire, lorsque la Femme s'épuise en efforts impuissants.

Mais ces cas exceptionnels ne doivent pas nous occuper davantage. Quant à l'Accouchement naturel, nous avons dû n'en donner qu'une description sommaire, sans entrer dans les explications relatives aux mouvements divers

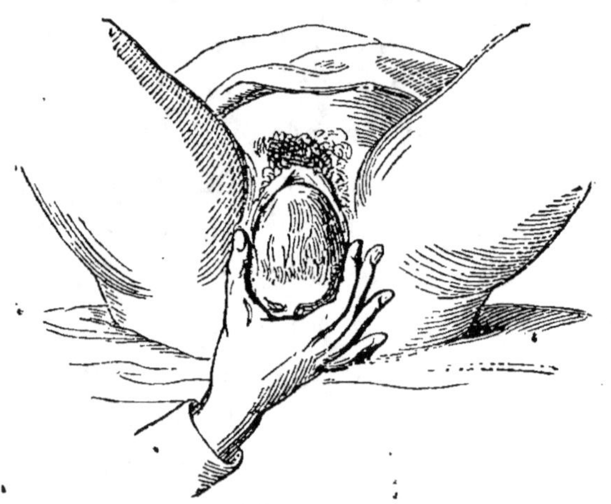

de la tête, descendant du grand dans le petit bassin et se présentant en dernier lieu à la vulve. Pour cette étude, il faut la connaissance exacte de la conformation du bassin de la Femme, des dimensions de la tête du Fœtus à terme, et celle des notions suffisantes de pathologie générale.

§ 2. Délivrance.

L'Enfant sorti du sein de sa mère, tout n'est

pas fini : il reste dans la matrice les annexes de l'œuf, les enveloppes du Fœtus, le *placenta* ou *délivre, arrière-faix*, car ce n'est qu'après leur expulsion que la Femme peut se dire délivrée.

Mais la Délivrance doit être précédée de la section du cordon ombilical, qui unit l'enfant à la mère ; on la fait, cette section, à 5 ou 6 centimètres de l'ombilic fœtal, après avoir préalablement appliqué une ligature sur le bout qui doit appartenir à l'enfant, lequel, désormais, doit vivre par la respiration et la digestion.

Débarrassé du Fœtus et des eaux dans lesquelles il nageait, l'utérus revient presque aussitôt sur lui-même, et alors commence comme un nouveau *travail*, qui n'est rien toutefois auprès du premier, car il a pour but d'expulser le *délivre* avec les caillots de sang que son décollement a occasionnés.

Ce sont encore les contractions de l'utérus qui vont l'effectuer, et, cela, en trois temps : décollement du délivre, son expulsion de l'utérus et sa sortie du vagin. Pour favoriser l'accomplissement de ces deux derniers temps, l'Accoucheur exerce quelques tractions légères sur le cordon ombilical, d'abord parallèlement à l'axe de l'utérus, puis à celui du vagin.

Quand, après la sortie de l'enfant et la section du cordon, les contractions douloureuses qui doivent présider à la délivrance se font attendre plus de quelques minutes, on doit exercer des frictions sur le ventre pour réveiller la tonicité des fibres utérines. Cela est d'autant plus important que, quand la matrice reste inactive, étant comme plongée dans une sorte de stupeur, sans contraction, il s'ensuit

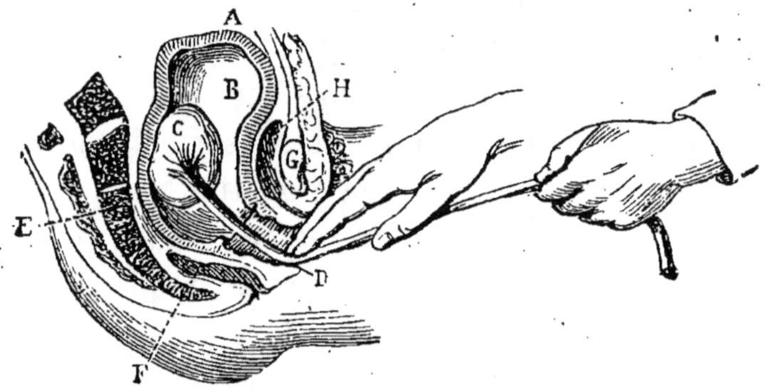

DÉLIVRANCE

A, matrice. B, intérieur de la matrice. C, délivre ou placenta. D, cordon : point où les doigts de la main droite de l'accoucheur forment une sorte de poulie de renvoi, tandis que la main gauche exerce des tractions. E, sacrum. F, rectum. G, pubis. H, vessie.

presque inévitablement une perte de sang par les vaisseaux utéro-placentaires restés béants, faute de ces contractions nécessaires. Des frictions, nous le répétons, quelques grains de seigle ergoté, voire même au besoin l'introduction de la main dans la matrice pour provoquer le réveil de celle-ci, sont les moyens à opposer à cet accident.

Mais ce n'est pas le seul. Le placenta peut avoir contracté des *adhérences* anormales, il faut les détruire ; il peut être *retenu*, en partie ou en totalité dans l'utérus ; être *enchatonné*, etc. Ces deux cas donnent lieu à des hémorragies intermittentes, irrégulières, qui se renouvellent de façon à jeter, à la longue, la Femme dans une anémie profonde, si on ne la débarrasse pas du délivre encore retenu dans ses organes. Un autre danger à redouter serait les accidents d'infection purulente résultant de la putréfaction du gâteau charnu en question. C'est alors qu'on a recours aux injections vagino-utérines répétées, simples ou mieux *antiseptiques* (acide phénique 1, eau 1000), etc.

§ 3. Avortement.

L'*Avortement* est un état pathologique, très souvent déterminé par des manœuvres criminelles : nous n'avons donc pas à nous en occuper. Nous renvoyons le lecteur à notre *Anthropologie*, où la physiologie et la pathologie des fonctions de génération sont traitées avec des développements suffisants pour l'intelligence des sujets en question.

II

NOUVEAU-NÉ

A peine est-il né que l'Enfant, bien portant, pousse des cris. Il respire. Mais comment vivait-il dans le sein de sa mère, à l'état de Fœtus? C'est ce qui nous paraît le plus digne d'attention.

Avant d'expliquer le mécanisme de la circulation fœtale, montrons d'abord celle du sujet qui respire l'air atmosphérique. (Respiration pulmonaire.)

On sait que le cœur à l'état normal est un muscle creux divisé en deux ordres de cavités par une cloison fibro-musculeuse; chacune est divisée en deux ordres de cavités, deux à droite, deux à gauche, ainsi dénommées : oreillette et ventricule droits; oreillette et ventricule gauches. L'oreillette et le ventricule droits reçoivent le sang noir ou veineux, l'oreillette et le ventricule gauche reçoivent le sang rouge ou artériel. Chaque ventricule a deux orifices communiquant l'un avec l'oreillette, l'autre avec l'artère qui lui correspond. C'est-à-dire que le ventricule droit communique avec l'artère pulmonaire qui va aux poumons, et le gauche avec l'aorte, qui se ramifie dans toutes les autres parties du corps. Or, des poumons, comme de partout, naissent des veines qui ramènent le sang, pour le verser dans l'oreillette droite.

Ainsi, de l'oreillette droite le sang passe dans le ventricule droit; celui-ci le pousse dans l'artère pulmonaire, où il va se revivifier dans les poumons par la respiration; puis ce sang est versé par les veines pulmonaires dans l'oreillette gauche, qui le pousse dans le ventricule du même nom; enfin, celui-ci le chasse dans l'aorte. Ces cavités sont munies de valvules qui facilitent, en se redressant, la progression du liquide et s'opposent à sa rétrogradation.

Mais chez le fœtus il n'y a point de respiration pulmonaire. La circulation y présente donc des différences essentielles; elles proviennent de certaines dispositions du cœur et de quelques artères.

Le lecteur doit fixer son attention sur la planche qui représente le nouveau-né et ses annexes.

Il ne doit pas oublier un seul instant que fœtus, cordon ombilical et placenta sont renfermés dans la matrice, n'ayant de rapports vitaux avec la femme enceinte qu'au moyen des adhérences du placenta avec l'utérus. Or, voici le mécanisme de la circulation. Le gâteau placentaire a deux faces, l'une est en rapport avec la matrice, comme il vient d'être dit, l'autre regarde le fœtus et laisse apercevoir le réseau

des vaisseaux qui vont former la veine ombilicale, laquelle fait partie du cordon. Or
la face externe du gâteau, très vasculaire et
en rapport avec la matrice, reçoit le sang que
lui fournit celle-ci par ses mille et mille capil-
laires, et ce sang se dirige au fœtus par la veine
ombilicale du cordon.

La veine ombilicale susdite, traverse l'ombilic (4); de là s'engage dans le sinus horizontal
du foie (5), communiquant avec la veine porte
et avec la veine cave inférieure. Ainsi les radicules de la veine ombilicale (3) prennent dans
le placenta le sang ou les matériaux destinés
à vivifier ce liquide, qui finit par aboutir à
l'oreillette droite du fœtus. La veine cave supérieure (11) ramène le sang des parties supérieures auxquelles elle se distribue; mais quoique versé dans la même oreillette, le sang
des deux veines caves ne se mêle pas : celui
de la veine cave *inférieure* passe directement
dans l'oreillette gauche par le trou *oval* ou de
Botal qui n'existe que chez le fœtus, tandis que
celui de la veine cave *supérieure* est versé dans
l'oreillette droite. Alors chaque oreillette se
contracte et le sang est porté dans les ventricules correspondants. Ceux-ci se contractent
aussitôt et font passer le fluide qui les remplit
l'un dans la *veine pulmonaire*, qui fait communiquer le ventricule droit avec l'aorte, et

qui doit disparaître après la naissance, l'autre dans l'aorte (12), qui le distribue dans tout son parcours et ses divisions.

Quant aux artères ombilicales (18), dónt nous n'avons pas encore parlé, elles naissent des artères iliaques primitives du fœtus, traversent l'ombilic en sens inverse de la veine ombilicale, et, complétant le cordon, vont jusqu'au placenta, où le sang se renouvelle au contact de celui de la Femme (sorte de respiration placentaire), pour être repris par les radicules de la veine ombilicale, et ainsi de suite.

Pendant le séjour dans la matrice, le fœtus n'a véritablement qu'une demi-circulation ; il ressemble sous ce rapport aux animaux à sang froid. « C'est une chose remarquable que l'époque de la vie où les organes des sens sont absolument inactifs, soit aussi la seule où l'homme présente une si frappante analogie pour la vie de nutrition avec certaines classes d'animaux. »

III

NOURRICE

Premiers soins à donner à l'enfant.

Quand l'Accouchement a été long et laborieux, l'enfant peut naître dans un état apoplectiforme. Cet accident, le plus fréquent, consiste dans l'*asphyxie*, due à une pression qu'a subie le cordon au cours du travail. La section du cordon est généralement le premier acte de l'intervention de l'accoucheur. Si l'enfant présente un état de congestion, on laisse écouler un peu de sang par la section, avant de lier le bout qui fait suite au nombril ; mais si l'enfant naît sans donner signe de vie (état de mort *apparente*), on conserve le cordon entier et on ranime le nouveau-né par des frictions stimulantes, un bain animé d'un peu d'eau-de-vie ou d'eau des Carmes, l'insufflation, la traction rythmée de la langue, etc.

Les Seins, un des plus beaux ornements de la Femme et que nous nous dispenserons de décrire, présentent, selon les personnes, une grande diversité de forme et de volume ; ces qualités tiennent, non à la *glande* mammaire même, mais simplement à la plus ou moins grande quantité de tissu cellulaire et graisseux qui forme leur masse, laquelle est recouverte d'une peau remarquable par sa finesse et sa blancheur, et qui laisse apercevoir, comme par transparence, les veines superficielles.

Les seins ont une mission plus élevée et plus noble que celle d'être un appas séducteur : ils contiennent l'organe qui doit élaborer la première nourriture de l'enfant, le *lait*. La glande mammaire, considérée sous le rapport anatomique, est formée par des canaux, au nombre de 12 à 16, nommés *conduits galacto-phores*, et qui se rendent au *mamelon*, à la surface duquel ils s'ouvrent chacun par un petit orifice distinct.

Les mamelles, déjà augmentées de volume pendant les derniers mois de la Grossesse, deviennent le siège, après l'Accouchement, d'une sorte d'irritation sécrétoire dont le but est la sécrétion du lait, cette irritation détermine souvent dans l'organisme de la femme une réaction générale, appelée *fièvre de lait*.

Le lait sécrété dans les premiers jours qui suivent l'Accouchement est jaunâtre, épais et sucré : on lui donne le nom de *colostrum* ; sa propriété principale est relâchante et a pour effet d'amener l'évacuation du *méconium*, sorte de matière verdâtre, visqueuse, qui remplissait le tube intestinal du fœtus pendant la vie intra-utérine.

L'élaboration du lait devient bientôt parfaite, et alors on trouve ce liquide composé de 8 à 9 parties d'eau pour 1 à 2 parties de substances tenues en solution et qui sont des phosphates, carbonates, chlorures, sans compter le sucre (*sucre de lait*) et la *caséine*.

Le lait de vache contient moins de sucre, mais plus de graisse (beurre); en l'étendant d'un peu d'eau et de sucre, on rapproche sa composition de celle du lait de Femme.

Même observation pour le lait de chèvre, qui passe pour n'être pas en harmonie avec la puissance digestive du nouveau-né.

Le lait d'ânesse et celui de jument se rapprochent beaucoup du lait de Femme.

Le lait de brebis se distingue par une forte proportion de beurre.

De nombreuses influences agissent sur la quantité et la *qualité du lait de la Femme*. L'âge de 20 à 30 ans est celui où le meilleur lait est fourni. Le lait d'une femme brune est plus riche en principes nutritifs que celui de la blonde. Les impressions morales vives ou tristes influent défavorablement sur la qualité du lait. Il est superflu d'ajouter qu'une bonne hygiène et une nourriture abondante sont des conditions qui exercent une heureuse influence sur la sécrétion mammaire.

Toutefois, ils se trompent ceux qui, prenant une nourrice arrivant de la campagne, où elle se nourrissait mal, mangeait rarement de la viande et était privée de vin la plupart du temps, n'ont rien de plus pressé que de la gorger d'aliments substantiels et de haut goût, de vin généreux, etc. Non, il faut une mesure : d'abord, la nourrice de cette catégorie ne doit pas passer brusquement d'un régime à l'autre quand il y a une telle différence entre les deux ; ensuite, ce n'est pas ce qu'elle mange qui lui profite, c'est ce qu'elle digère. Avant tout, ne fatiguons pas l'estomac, et que la nourriture soit simple, saine, mêlée de maigre et de gras.

Les rapports conjugaux n'ont pas sur la sécrétion du lait l'influence fâcheuse qu'on leur attribue. Ils peuvent avoir lieu sans dommage, à ce point de vue, pourvu qu'il n'y ait pas d'excès de commis et que la femme ne soit pas trop nerveuse ni trop excitable.

La Lactation est très favorable à la Femme-mère au point de vue de sa propre santé. Quand elle se dispense de l'allaitement, l'utérus en reçoit un excès de stimulation par suite du repos auquel les mamelles sont condamnées : de là peut-être une des causes les plus puissantes des affections de matrice, si communes, surtout dans les grandes villes. Pendant l'allaitement, la menstruation se suspend, la fonction ovarienne demeure dans l'inaction, et c'est là une condition favorable pour la mère et pour l'enfant. Mais il ne faut pas croire que la sécrétion du lait soit altérée parce que la nourrice voit revenir ses règles avant la fin de l'allaitement : cela prouve, au contraire, qu'il y a chez elle une dose de vitalité fonctionnelle suffisante pour que la double fonction s'exerce convenablement.

La durée de l'allaitement est très variable selon les circonstances et suivant les usages des pays. En général, c'est du douzième au treizième mois que le *sevrage* a lieu.

Il doit se faire progressivement, c'est-à-dire en donnant à têter : la première semaine, trois fois par jour, au lieu de cinq ou six ; la deuxième deux fois ; la quatrième une fois ; puis on laisse un jour d'intervalle, etc. Il va de soi qu'on remplacera le lait du sein donné en moins à l'enfant, par du lait de vache coupé.

Ce mot *Sevrage* doit être pour nous le signal qui nous avertit de quitter la plume et d'abandonner l'Enfant et sa Mère à leur destinée respective (1).

---

(1) Nous renvoyons à notre *Anthropologie* pour plus de détails sur les sujets traités dans ce livre, sous le triple rapport physiologique, hygiénique et pathologique.

FIN.

FIGURE 1. — **Appareil génito-urinaire de l'Homme.**

Cette figure représente la moitié droite du bassin. La vessie et le rectum sont intacts. Un côté du scrotum est enlevé; un des corps caverneux l'est aussi. Le gland est entier. Manque le rein.

A. Intestin grêle. — B. Intestin rectum, tranché. — C. Artère iliaque primitive, tranchée.

1. Uretère, canal qui conduit l'urine du rein à la vessie. — 2. Vessie, réservoir de l'urine. — 3. Cordon ligamenteux soutenant la vessie. — 4. Testicule gauche, enveloppé de ses membranes propres. — 5. Cordon spermatique : dans une partie de sa longueur, il est disséqué pour faire voir — 6. L'artère spermatique qui part de l'aorte et nourrit le testicule, et la veine spermatique, qui rapporte le sang qui a servi aux fonctions de ce testicule et à sa nourriture. — 7. Canal déférent; il décrit une courbe en se rendant à — 8. La vésicule-séminale gauche. — 9. Prostate. — 10. Canal de l'urètre, dont on voit l'intérieur, sa paroi gauche étant enlevée. — 11. Verge ou Pénis. — 12. Cloison qui sépare les deux corps caverneux, dont le gauche a été enlevé.

FIGURE 2. — **Appareil génito-urinaire de la Femme.**

Cette figure représente la moitié droite du bassin. La vessie, la matrice, le vagin et le rectum sont divisés de haut en bas : c'est la moitié droite qui reste; on voit la face interne de ces organes.

1. Vessie. — 2. Canal de l'urètre. — 3. Clitoris. — 4. Grande lèvre. — 5. Entrée du vagin. — 6. Cloison recto-vaginale. — 7. Cloison vésico-vaginale. — 8. Col de la matrice. — 9. Matrice. — 10. Trompe de Fallope, et — 11. Ovaire, du côté droit.

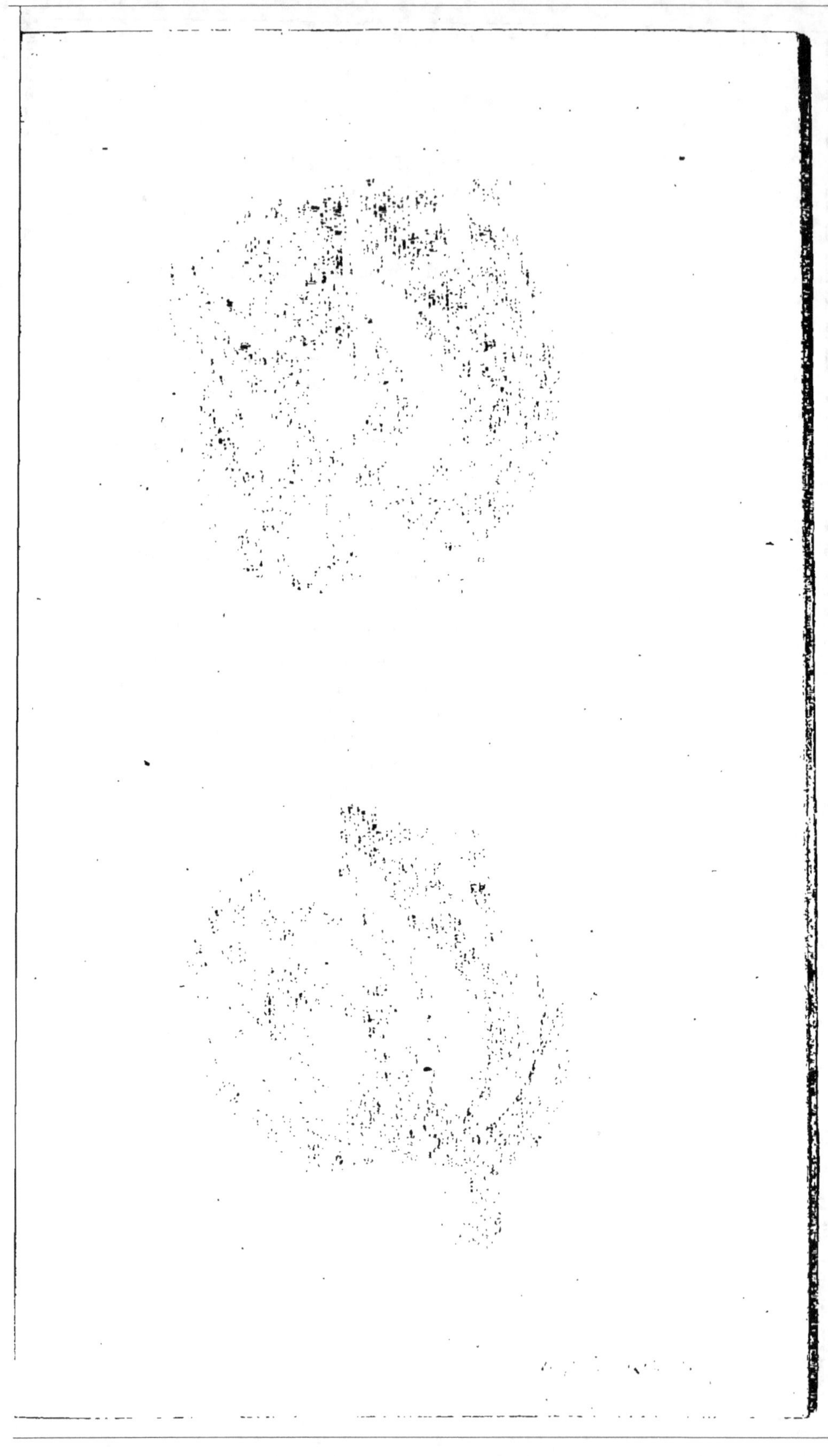

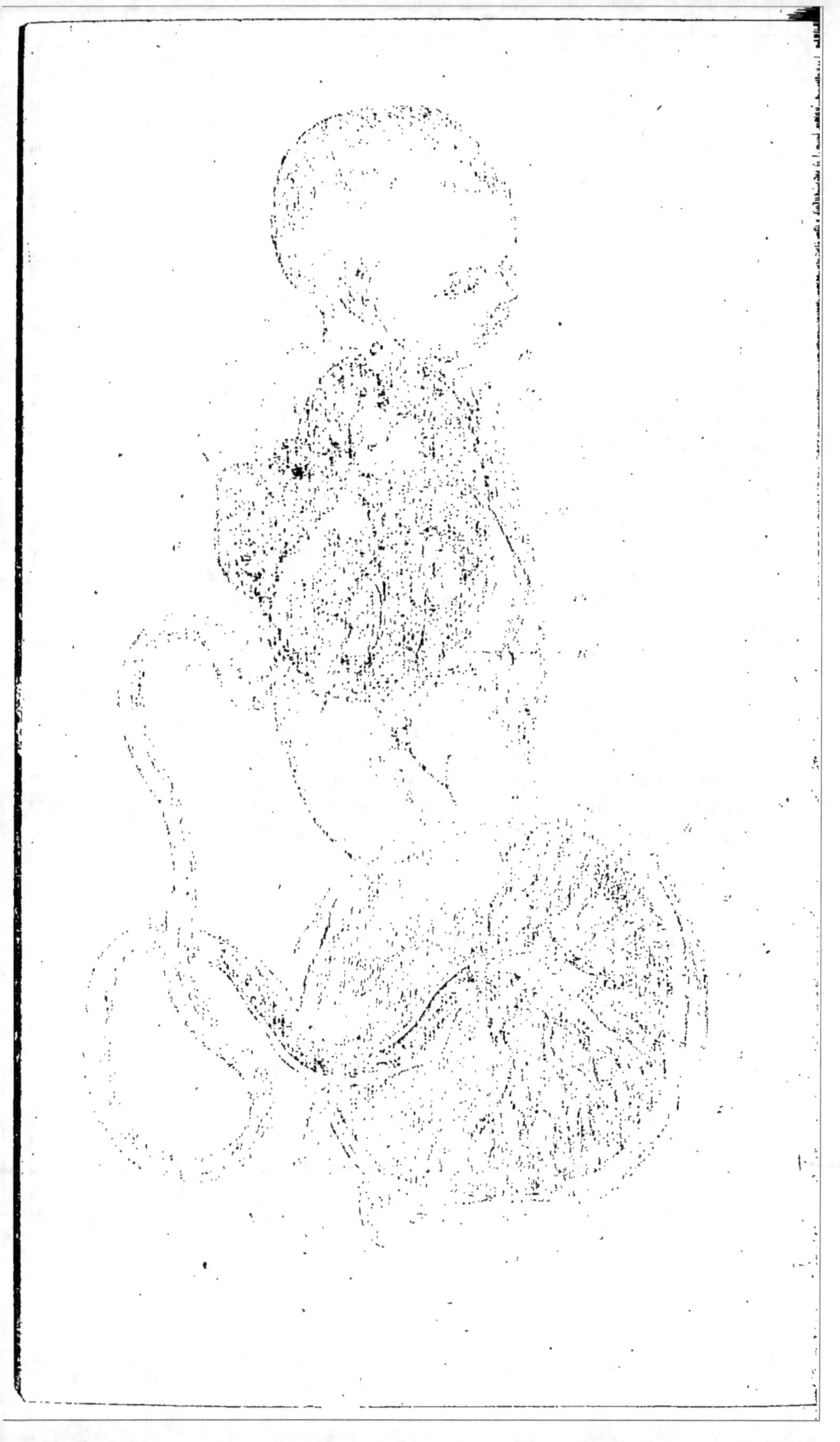

Organes de la circulation du Fœtus.

Nouveau-né avec son placenta et le cordon ombilical. Les parois de la poitrine et du ventre sont enlevées; le foie est relevé au moyen d'une érigne. On voit le cœur, les poumons, l'aorte, les vaisseaux du cordon, les veines caves et la veine porte.

1. Placenta (face fœtale) : *a*, partie recouverte par le chorion; *b*, partie privée du chorion pour faire voir les vaisseaux; *c*, débris des membranes de l'œuf. — 2, 2, 2. Racines de la veine ombilicale. — 3. Veine ombilicale. — 3. Ouverture ombilicale laissant passer les vaisseaux du cordon. — 5. Veine ombilicale se rendant au foie. — 6. Branche de l'ombilicale pénétrant dans cette glande. — 7. Veine porte, s'anastomosant avec la Veine ombilicale. — 8. Canal veineux. — 9. Point où le canal veineux se jette dans la Veine cave inférieure. (La Veine hépatique ne se voit point sur cette figure.) — 10. Oreillette droite du cœur. — 11. Artère pulmonaire : on voit le commencement des deux branches qu'elle envoie aux poumons et qui sont petites chez les fœtus. — 12. Canal artériel. — 13. Point où le canal artériel se jette dans l'Aorte. — 14. Aorte abdominale. — 15. Division de l'Aorte en Iliaques primitives. — 16. Division de l'Iliaque en Iliaque interne et Iliaque externe, très peu développées dans le fœtus. — 17 et 18. Artères ombilicales, continuation des artères iliaques primitives, rapportant le sang du fœtus au placenta et s'oblitérant après la naissance, elles forment avec la Veine de même nom le Cordon. — 20, 20, 20. Ramifications terminales des artères ombilicales dans le placenta, avant de s'aboucher aux ramifications naissantes de la veine ombilicale.

TABLE DES MATIÈRES

Pages.

SIXIÈME PARTIE

ACCOUCHEMENT. — NOUVEAU-NÉ. — NOURRICE.

(Voir ci-après la TABLE ALPHABÉTIQUE.)

TABLE ALPHABÉTIQUE

Pages.

PARIS. — IMP. E. FLAMMARION, RUE RACINE, 26.

BIBLIOTHÈQUE PHYSIOLOGIQUE

D' J. GÉRARD
LA GRANDE NÉVROSE
Illustrations de JOSÉ ROY.
Un volume in-18 jésus. Prix..................................... **5 fr.**

NOUVELLES CAUSES DE STÉRILITÉ DANS LES DEUX SEXES
FÉCONDATION ARTIFICIELLE
Illustrations de JOSÉ ROY.
Un volume in-18 jésus. Prix..................................... **5 fr.**

LE MÉDECIN DE MADAME
OU L'ODYSSÉE D'UN CHASTE
Roman professionnel. — 1 volume. **3 fr. 50**

D' JULES GUYOT
BRÉVIAIRE DE L'AMOUR EXPÉRIMENTAL
MÉMORANDUM DU PÈRE DE FAMILLE
Publié par les soins de GEORGES BARRAL.
Treizième mille.
Un joli volume in-32. Prix............................... **5 fr.**
En belle reliure non rognée .... **7 fr.**

A. SILVESTRE
POUR LES AMANTS
Un volume in-32, sur papier de luxe............................ **5 fr.**

CH. BAUCHERY ET A. DE CROZE
L'ÉVOLUTION DE L'AMOUR
Préface de H. CHEVASSU.
Un joli volume in-32 sur papier de luxe........................ **5 fr.**

D' LANGLEBERT
MOYEN DE RECONNAITRE LES MALADIES VÉNÉRIENNES
ET DE S'EN PRÉSERVER
Un volume in-18. Prix................ **3 fr. 50**

D' CAMBOULIVES
L'HOMME ET LA FEMME A TOUS LES AGES DE LA VIE
Illustré de 25 figures.
Un volume in-18. Cartonné...................... **3 fr. 50**

DOCTEUR L.-H. GOIZET
FORCE ET SANTÉ
LA VIE PROLONGÉE
Au moyen de la méthode de BROWN-SÉQUARD
Un volume in-18. Prix..................... **3 fr. 50**

D' E. MONIN
LA LUTTE POUR LA SANTÉ
ACTUALITÉS D'HYGIÈNE ET DE MÉDECINE SOCIALE
Un volume in-18. Prix............................. **3 fr. 50**

PARIS. — IMP. E. FLAMMARION, RUE RACINE, 26.

9 782329 069296